這一生，
牠們為了療癒你而來，
沒有任何保留，
只有超越時空，無盡的愛。

暢銷
經典版！

# 寵物是你前世的好朋友

## 你們的相遇，從來都不是巧合

瑪德蓮・沃爾克
Madeleine Walker ——著

蕭寶森——譯

謹以此書獻給我的父親大衛、我的兄弟安德魯，

以及我所有的家人，包括寵物在內。

他們以各種方式豐富了我的生命。

# 目錄
CONTENTS

# 2 寵物的前世是動物還是人？

## 3 寵物如何療癒我們？



## 4 清除我們和寵物共同經歷的前世創傷

「我們的心一旦被愛擴展，絕不會變回原來的大小。」

——佚名

推薦序一

# 動物是生命奇蹟的推手

Phyllis（知名部落客、暢銷書《零雜物》作者）

看過勞勃．瑞福自導自演的電影《輕聲細語》嗎？劇中的馴馬師湯姆擁有與馬兒溝通的天賦，他以耳畔低喃和溫柔的撫觸，療癒了因嚴重車禍而身心受創的「朝聖者」，也令牠的小主人——在同一事故後被迫截肢而封閉內心的少女葛瑞絲——揮別昔日陰霾，重拾自信與笑顏。

現實生活中，本書作者的經歷更勝湯姆。擔任馬兒與騎士創傷諮商師暨動物溝通師的瑪德蓮，擅長以直覺讀取動物訊息，用催眠手法引導飼主回溯前世。透過NLP、脈輪觀想、花精、靈氣、水晶缽等療法，她協助人和動物釋放前世今生的情緒創傷，以及靈魂記憶與負面業力所衍生的身體病痛。書中的諸多案例顯示，這些療癒之所以發生，來自於動物的智慧指引功不可沒。

我一直覺得寵物是有形的指導靈。牠們貼心陪伴，耐心傾聽，無條件付出友誼和支持，而且從不批判。牠們總是帶來溫暖和啟迪：從狗兒身上，我們學會無私與忠誠，從貓兒身上，我們學會從容和定靜。牠們使遠離自然的都市人與大地之母保持連結，也使人類憶起與本體或內在高我的連結，讓我們對神性更有覺知。

心靈導師艾克哈特．托勒認為，和動物生活能幫助人類活在當下，歡慶生命。杜白醫師亦提點大家，同伴動物是善緣，是我們人生旅程中的共修。瑪德蓮則藉由豐富的諮商經驗，指出動物靈魂與人類靈魂結伴同行，為的是讓彼此的靈性持續進化，走向圓滿。只不過，靈魂來到地球難免迷失於恐懼和幻相，因此她引領人和動物運用內在資源，照亮內心的黑暗，通過病痛的考驗，而她自己也從個案的療癒過程中，得到了不可思議的回饋。

這本書談的不是作者的神奇能力，而是寵物和飼主之間，累世以來的互相扶持與緊密連結。在瑪德蓮筆下，已逝動物對飼主無怨無悔的愛，每每令我感動落淚，而涉及虐待的情節則令我對人類的無知和殘忍行為萬般憤慨。然而正如作者所言：「每一件事情都有它存在的意義，無論這件事從表面上看來是多麼的令人痛苦。」當病痛、暴力、意外和死亡使我們專注於負面事物時，請記得動物的寬容和悲憫總能轉化這些無明，一如朝聖者敞開自己再度接納了葛瑞絲。

有些人對輪迴之說嗤之以鼻，甚至否定動物有靈魂；有些人相信前世今生，卻不接受靈魂可能在不同物種之間互換。倘若抱持這類觀點的讀者能以更開放的態度閱讀這本書，他們將發現動物的智慧、意識進化程度和彰顯愛的能力，絕不亞於人類。傾聽同伴動物的心聲，和牠們一起探索並修復彼此關係中的缺憾，人類終將明白：動物不止是良師益友，更是生命奇蹟的推手。

推薦序二

# 在人與寵物之間

貝莉（作家，曾出版《戀愛是種邪教》、《真愛是種信仰》、《我親愛的台北》、《帶不回家》等作品）

二〇一三年年初，碰巧有機緣開始接觸身心靈的領域，同時間我十七歲時養的貓，藍波斯球球生病了。

其實，已經十七歲的牠早已算是貓瑞，是該走的年齡，去動物醫院看牠的那天，我邊哭著邊對牠說：「如果你累了，就走吧！」已經雙眼失明的牠卻望著我，像是靈魂深處聽懂我的意思，我摸了摸牠的手，牠轉身背對我，彷彿不願讓我看到狼狽的樣子。

就這樣在動物醫院住了幾天，直到我去台東的那天早上，母親來電話說，牠走了，走得很安詳。

那天我躺在樹蔭下，望著天空，非常非常感謝上蒼的安排，沒有什麼，比在睡夢中往生，幸福，而我與球球，何其幸運可以在牠走之前幾天，有著這幾年未有的相處機會。

若問我相不相信寵物是否懂人話，我相信是懂的。

因為我跟牠們有太多太多回憶了，雖然我沒有看透前世今生的能力，也無法真正的心靈相通。

可我永遠記得當我哭泣時、沮喪時，還有許多被負面情緒包圍時，牠們安慰的神情；我回家時牠們在門口翻滾迎接的樣子，還有吃醋故意搗蛋，令人又氣又愛的點滴。

這本書述說了許多關於人與寵物的故事。不僅是今生還有漫長過往的回憶與關係。人與人，甚至人與寵物之間的相處都是緣分。套句王家衛的話：「每個相遇，都是久別重逢。」有時候我們覺得很多關係都是巧合，可這其實或許是上蒼的安排。

抑或是像日本經典偶像劇《大和拜金女》裡面的台詞：「物理學家費曼（Richard Feynman）說過，數學跟物理就像在旁邊看上帝下西洋棋，尋找其中的規則，尋找其中的美麗法則。你也可以當作一開始就沒有這樣的法則，在這個宇宙所發生的事物，全部都是亂無章法，無意義的事物不斷在重複。這麼一來數學家就無事可做，住在這麼無聊的宇宙，也會讓人覺得無趣。不過岡本一直致力於解開西洋棋之謎，而且還認識了百合小姐這麼好的女生。也許人與人的邂逅搞不好也是有規則可循的。如果沒有規則的話，兩人不管在哪裡相遇，也只會擦肩而過，更不可能有所交集，或者是彼此交談了。我們之所以能夠共聚在宇宙一角的這個會場上，同時能感到如此的喜悅，全是因為岡本與他的唯一真愛相遇的關係。『命運』這個最難解的謎題，我覺得今天好像被他解開了。」

身為輪迴和靈魂還有因果業力的迷戀者，我想，我們與寵物之間，一定有所謂「命運」的羈絆。

不管是在寵物店門口的凝視，街角意外的相遇。人與寵物之間，或許比所謂的愛情更難解。因為愛與不愛，人可以直接說出口，人與寵物之間，卻是要用心來感受。可這樣想來，這份關係是否更純粹呢？因為是完全沒有任何外在的包袱，是最無保留的接觸。

本書中一段段的故事，或許能讓你有更多不同的想法。更讓你知道，無論如何，牠們是懂的。當我們輕聲細語、略帶憤怒或者無計可施時，其實牠們都知道。那些說不出口的愛，是來自於心靈深處，或許很多年前的輪迴，或許是從今生開始的巧遇。願你我都能珍惜，與牠們共處的每段時光。

推薦序三

# 在彼此的身分交換中，學習與相愛

林怡芳（Yvonne，意識溝通療癒師，《我要話，要對你說》作者）

「長久以來，人與動物就一直互相依存。動物的身分從野獸、家禽、經濟動物、到寵物，一步一步走進人的心房，緣分持續加深著。靈魂與靈魂透過愛，在不同的時空點認出彼此、療癒彼此，共同經歷更完整的生命歷程。動物不會一直以動物的身分出現，人也不會一直以人的身分出現。我們在彼此的身分交換中學習與相愛。動物都記得與牠們相處的人類，但人卻不一定。如果全世界的動物與人類都能認出彼此，這世界必定會充滿了愛、包容及喜悅。」

那天午後，一隻五歲英國獒犬妹妹，如此告訴我。妹妹更進一步說：「所有的動物都記得過去。我們不一定一開始就認得出故人，但隨著時間的相處，我們一定會知道你是誰，還有我們曾發生過的事。」

正如這本書作者瑪德蓮．沃爾克所說，「我們的動物同伴一直不斷回到我們的身邊，與我們相伴同行，並提供牠們的智慧及愛來支持我們穿越各種生命的起伏。當然，我們也做著同樣的事支持牠們、愛牠們。」

身為一個動物溝通師、療癒師，我非常感恩上天給予我許多機會，去親近、聆聽動物同伴與人們之間的愛情故事，也讓我更明白：所有的相遇都不只是巧合。瑪德蓮在書中提出，動物同伴們會與飼主共同經歷類似的病痛或情緒，彼此羈絆越深，共同點越多。這與我的諮商經驗一致，靈魂的確會以這樣的方式互相扶持、共同穿越某些特殊課題。作者也在書中分享了如何透過前世回溯、圖像觀想的方式來療癒此類案例。

當動物同伴離世，我們如何理解這是一個轉化的過程而不是結束，如何認出轉世的動物同伴，如何以靈魂的形式協助支持我們等等，作者提出各式的案例與讀者分享，希望透過這些故事讓人們明白：死亡只是一個轉折點，只是為了讓彼此互相扶持，相愛的靈魂將以各種不同的面貌及形態來體驗更多、擴展更多生命的經驗。

如果你願意放下腦中所有的疑問及框架，打開心去閱讀這本書，必能感受到萬物之間彼此共同支持、成長的愛。

如果你正受苦於失去至愛的牠，相信這本書必能撫慰你的心，因為牠一定會與我們再次相遇。如果你希望更了解牠或希望透過牠來探索、療癒自己，那麼這本書提供的一些方法，你不妨試試，相信牠將會帶領你更靠近自己的內心。

祝福所有的世間動物及人們，願我們都能珍惜每一次相遇。

推薦序四

# 動物是我們的靈性導師

珍妮·史梅德莉（Jenny Smedley，暢銷書《寵物也有靈魂》〔*Pets Have Souls Too*〕和《永遠的寵物》〔*Pets Are Forever*〕作者）

我相信我們生而為人，如果要延續全人類的生命，讓自己的靈性成長到不可思議的美妙境界，就必須認清自己的真實身分，並接受一件事實：我們的靈魂是經過多生累世進化的。我也相信：動物是我們的靈性導師。如果我們要在這個有幸可以居住的地球上繼續生存，就一定要承認：動物是我們的一部分，牠們和人類的命運息息相關。那些傷害動物的身體或心靈的人，也對整個生態系統——包括地球和地球上所有的生物——造成了難以估計的損害。

瑪德蓮·沃爾克的這部新作，包含了以上兩個我認為最重要的概念。她用許多極具說服力的實例說明：寵物不僅是我們的靈性導師，牠們的福祉攸關我們自身的利益，牠們也能幫助我們療癒過往的創傷。瑪德蓮經歷的諸多案例和她的觀察顯示出：寵物離世後，仍然會在靈界陪伴著我們。這一點，讓那些熱愛動物的人也非常意外。事實上，我們感覺自己和某些寵物難捨難分，是很自然的現象，因為這些寵物其實就是我們的靈魂所迸出的火花。牠們與我們一同輪迴了多生累世，並且往往為了要幫助我們的靈魂進化、陪伴我們歷經世間的苦難而備嘗艱辛。

除了以上這兩個概念外，瑪德蓮更發展出一套獨特的新方法，可以透過動物——包括我們豢養的動物和野生動物——幫助我們看清：今生有一些困境和前世的創傷有關，並協助我們改變這些創傷事件。她具有罕見的能力，可以和野生動物連結，向牠們學習有關地球和人類的知識。我們如果也能像她一樣，發展出傾聽動物語言的能力，就能變得更有力量。除此之外，瑪德蓮也發展出一套和寵物亡靈溝通的方法，使我們能夠與牠們連結，並因此可以「改寫前世的劇本」，改變我們的未來。如今，瑪德蓮毫不藏私的在這本書中分享她的這些能力，真是讀者的一大福音。

我建議各位在翻閱這本書時，保持開放的心胸。只要你不排斥書中提出的各種可能性，相信你一定能夠為你的人生揭開嶄新的一頁，過著精彩的生活，並實現自己的夢想。閱讀這本書，會使你的生命更豐富。如果你原本就喜愛動物，相信牠們和我們的靈魂之間是有連結的，這本書將會讓你著迷，為你帶來很大的樂趣。如果你認為動物只是用來滿足人類的需求、提供人們各種娛樂的奴隸，那麼你就更需要看這本書。人類必須覺醒，才能開始學習聆聽動物對我們發出的訊息。

「我發現每當我失去一隻狗時，
我的心有一小片也隨牠們而去。
而每一隻進入我生命中的狗，
也會送我一小片牠的心。
如果我活得夠久，
我的心將完全由狗心所組成，
到時我將會變得像牠們一樣
寬厚大方、充滿了愛。」

——佚名

前言

# 在靈性之路上，與我們結伴而行的動物朋友

你是不是曾經覺得你的寵物，是唯一真正瞭解你或明白你心境的「人」？從前，我如果在學校遇到不如意的事情，回家後就會抱抱我家那隻老柯基犬「魯佛斯」。牠憑著本能，總是知道該如何讓我的心情好起來。我難過需要安慰時，牠會耍寶逗我發笑，或讓我趴在牠的身上啜泣。牠會用知心的眼神深深的凝視著我，彷彿完全能瞭解我的感覺。曾經有許多人向我表示，他們覺得寵物是他們的靈魂伴侶，和寵物的關係比和任何人都更親密，而且也更能感受到無條件的愛。為什麼會這樣呢？為什麼我們能夠毫無保留的愛我們的寵物，並深深感受到牠們對我們的摯愛？寵物對我們來說，為什麼這麼重要？

幾年前，我開始對前世的創傷，以及這些創傷對今生可能造成的影響，產生了興趣。我發現自己內心深處的一些問題，是由前世所造成。同時，我也發現我可以運用自己在前世擔任療癒者和薩滿時使用的方法，來療癒別人。我向來相信，我們的過往會塑造我們今日的樣貌，但在當時，我還沒意識到這些發現的深層意涵，也沒想到這些發現會將帶我進入療癒的新境界，更沒料到我的新個案——那些寵物——會讓我更進一步瞭解前世與今生的連結。

關於人類的靈魂，已經有許多書籍和文獻加以探討。有許多人甚至認為我們的靈魂可能會結伴同行，並且在另一世以不同的面貌或身分重逢。我在擔任馬兒和騎士的創傷諮商師、動物直覺與「增能」（empowerment）教練暨情緒治療師期間，受到那些動物的啟發，領悟到一個更深層的概念：動物的靈魂也會和人類的靈魂結伴同行，此外，由於牠們不像人類已經變得過於「西方化」與物質化，遠離了自己的「內在自我」（inner self），因此我們可以透過牠們來接收必要的訊息，藉以療癒靈魂。

我猜想，過去人們一向視我為「動物訓練師」（animal whisperer），但我相信那些動物已經幫助我遠遠超越了這樣的層次。牠們不僅指引我，該如何和人類以及動物的靈魂連結，甚至在我旅行外地期間，還曾經有野生動物——包括鯨魚在內——幫助我和地球的靈性連結。我和寵物連結並溝通的過程中，發現了寵物和牠們的主人之間必須處理的一些問題。在我經手的案例中，許多寵物都很希望能夠幫得上主人的忙。我為牠們的主人做過回溯治療後，許多問題也都得到了解決。

在這本書中，你將會看到寵物們如何自願投胎轉世，來幫助牠們的主人處理尚未解決的問題，或繼續扶持他們走完靈魂的旅程。

我在面對野生動物時，也時常接收到牠們對全人類和地球發出的訊息。這些訊息充滿了智慧，令人讚歎。我在這本書中，收集了許多令人感到不可思議的案例。在這些案例中，我的個案們都在寵物的協助下，處理了那些導致他們不斷自我設限、對生活造成破壞性影響的問題，同時也消除了身體上長年的病痛。這些案例中的寵物，都和牠們的主人非常契合、頻率一致，因此能夠指出他們在前世和今生受到的創傷。這些創傷對他們造成很大的影響，使他們變得軟弱，並且往往讓他們無法充分發揮自身的潛能，達成自我實現的目標。

除了以上所說的之外，寵物也能幫助我們透過眼淚釋放情緒。一般來說，我們在面對人際關係上的挫敗或是自己的情緒困擾時，經常哭不出來，有時候甚至會把情緒壓抑在內心深處，導致身體出毛病，健康狀況越來越差。然而，我們的寵物卻有辦法，幫助我們觸碰到這些情緒。每當這個時候，我們可能會以為自己正在抒發、表達與寵物有關的情緒，但事實上我們所表達、所抒發的，是基於種種原因而埋藏在心中的情緒。

不僅如此，我們的動物朋友還願意一再的幫助我們。牠們對我們的貢獻非常大！這本書的案例揭露的某些觀念，或許會顯得有些牽強；事實上，我最初接觸的時候，也有這樣的感受。從那時到現在，我的心情一路起起伏伏，不過學習曲線一直是垂直向上的。寵物不僅帶我走上了這段充滿新發現的旅程，沿途不斷引導我、為我打氣，等到我可以接納新的方法時，還適時的將這些方法提供給我。例如，馬兒們讓我學到了「靈魂復原術」（soul retrieval）。這是古老薩滿使用的一種療癒方法，可以把某個人因創傷而受損、失落的靈魂碎片取回來，恢復他的完整性。那些馬兒讓我明白，我也可以用這種方式來治療牠們，無論創傷是發生在前世或今生，都可以使用。

除此之外，寵物們也教我如何消除可能會

小狗山姆

妨礙我們身心健康的負面能量和存有。牠們讓我認清了自己的許多面向。寵物的智慧和療癒人類的能力，讓我自嘆不如。為了牠們，我除了要盡可能接收牠們從靈界發出的愛的訊息之外，也要努力讓眾人體認這些訊息當中所蘊含的力量。這樣做不僅是為了我們自己，也是為了這個美麗的星球。

第一隻對我「說話」的動物，是一隻名叫「山姆」的傑克羅素小㹴犬。當時我清清楚楚的聽見牠在我的腦海裡說話。這件事情本身已經夠詭異了，但更讓我震驚的是牠說的內容。牠「告訴」我，牠其實是牠的主人從前那隻老狗轉世來的，為的是要在主人選擇的艱困今生中，繼續支持她、為她打氣。接著，牠又向我顯示牠前世的樣子。這時，我開始覺得自己好像需要看醫師了。但是後來，我跟牠的主人核對時，她證實了那小狗對我說的每一件事，甚至還拿她從前那隻老狗的照片給我看，照片中的老狗確實長得跟我腦海所見到的狗一模一樣。

從此，我開始對動物們扮演的角色，有更進一步的認識。這段期間，我恰好碰上一些相關的案例，增進這方面的知識。一路走來，這些寵物始終引導著我，幫助我解決牠們和主人雙方在身心上的問題，包括一些長期性的困擾。

在這段學習的過程中，我經常對寵物幫助我們在人生的旅途上向前邁進的能力，感到讚歎。小時候，我抱著我的狗兒魯佛斯時，壓根就沒想到長大後，寵物會在我的生命裡扮演這麼重要的角色。牠們幫助我吸收了一些奇特的新觀念，用來造福他人，使我的人生有了一百八十度的轉變。當寵物讓我看見牠們前世的創傷時，有時由於情景太過震撼，我會懷疑該如何解釋或描述所看到的景象。但寵物總會幫助我找到適當的字眼，讓牠們的主人逐漸明白其中的意涵。有些主人剛開始時會抱持懷疑的態度，但不久就會突然感覺內心深處起了一些漣漪。有人會開始產生一些情緒，有人則會感覺身體更加不適。但後來，他們的寵物就會引導他們釋放情緒、清理創傷，使他們重新獲得在生命中前進的力量。

我相信以下各章的內容，將會開拓你的視野，激發你的能力，並促使你用一種全新的眼光來看待你的動物朋友，體會牠們的神奇之處。我相信，你也將因此體認到自己是如何特別，才會讓你的寵物們願意在這一路上與你相伴相攜。我們都是同行於世間旅途的奇妙眾生。感謝上蒼，讓我們這一路上得到這麼多的幫助與扶持。

# CHAPTER 1

# 寵物為什麼要跟著你一起轉世？

有許多人因為和寵物之間的關係出了問題，或因為他們心裡充滿了內疚、悲傷而前來找我，要我幫忙和他們的寵物溝通。我總覺得這是一件好事，因為寵物可以讓我們碰觸到埋藏在內心深處的一些情緒。我們往往很容易壓抑內心真正的想法或感覺，然後裝出一副若無其事的樣子，繼續在生命中「堅持不懈」。但很不幸的是，我們的身體會試著去處理這些被埋藏在內心的情緒，以至於產生一些病痛。首先提出這個觀念的人士包括露易絲·賀（Louise Hay）和布蘭登·貝絲（Brandon Bays）等人。他們都是很了不起的人，但通常他們所談論和處理的，都是人們在今生所遭遇到的問題；而寵物特別而神奇的地方，就在於牠們可以幫助我們追溯，發現一些源自前世的問題。

用這種方式探究前世，今生的許多現象便得到了解釋。這是因為前世的環境和事件，可能會影響我們對今生的看法，並造就今生的信念。當寵物讓我們看見前世發生的事件時，我們就可以明白：為什麼會對自己有這樣的看法？為什麼會對某些事件或刺激有那樣的感受？這時，我們身上一些不明原因的毛病——例如，病態的恐懼或老是擔心害怕等——就得到了合理的解釋。

## 來自亞特蘭提斯的訊息
### ——羅姍娜、蓋亞（貓）和幻想曲（馬）

我曾經為一位名叫羅姍娜的義大利女士做過診療，她對一隻喚做「蓋亞」的貓感到非常內疚。她救了蓋亞，但卻沒辦法養牠，因為當時她家裡已經養了太多寵物，所以在心情、體力和財務各方面都已經無法負荷。此外，羅姍娜家裡原有的那些貓，也不太能接受新房客的到來，一直不肯讓蓋亞進門，於是牠只好暫時居住在穀倉裡。這段期間，羅姍娜一直試圖讓原來的貓接受蓋亞，但卻一點用也沒有。

為了幫助這位努力收容流浪動物的善良女子，我很樂意和蓋亞連結，聽聽牠怎麼說，並將牠的話傳達給羅珊娜。

**現實中的分離，是為了靈魂的前進**

蓋亞的身上，確實有一股被遺棄的能量，或許是因為這個緣故，牠才會如此需要一個安穩的家。我想眼前牠和你之間有點距離，或許是一件好事，因為這樣一來，牠到了新家後，才比較容易適應。所以，你無須自責，也不要煩惱。因為你的確必須優先為你家裡那幾隻貓著想。我認為蓋亞的到來，對你是一件很好的事，而且確實與你們的前世有關。我感覺牠使你的內心產生了很大的罪惡感，而且你一直因為牠的緣故而懲罰自己。但事實上就你的情況來說，你已經盡了最大的力量來幫助牠了。

如果能有一個愛牠、符合牠的需求，而且能夠讓牠一直待下去的家，就會好得多。我感覺你把自己逼得太緊，對自己非常嚴苛。我感覺到你在某一世曾經自認為對不起別人，包括動物在內，因此這一世才會大力幫助動物，藉以補償牠們。不過感覺上你有時會付出太多，沒有照顧到自己！但你自己也很重要，因為如果你發生了什麼事，那些動物可就麻煩了！你真的是一個人間天使，而蓋亞的到來，讓我們看清了這一點。我們本來就不能夠永遠在一起，有時候還有其他的出路。就像人與人之間的關係一樣，有時人與動物也必須分開，讓雙方能在各自的靈魂旅程中前進。

你已經對蓋亞付出這麼多的愛心，又給了牠一個家。現在，你們倆的內心深處，其實都很明白彼此之間的連結是有期限的。儘管如此，就像我先前所說的，這樣的連結還是必要的。我自己也曾經有把寵物送走的經驗，當時我覺得非常難受，但也知道這樣做對寵物來說是一件好事。你不妨問問自己：「對寵物來說，怎樣才是最好的結局？」

你沒有什麼好自責的！蓋亞也從你身上，學到了一些功課。你讓牠意識到有人疼愛牠、關心牠，而且牠也值得擁有這些疼愛與關懷，這是很重要的。牠到了新家後，將會得到更多的愛與關懷。

## 經歷正反面，才能學到更多

我感覺你前世曾經是個馬商，只要能賺到錢，你往往不在乎馬被賣到哪裡去。你曾經向一些馬的主人做出承諾，說你會幫他們的馬找到善待的買主，但到頭來你並沒有做到，只是把馬賣給出價最高的人。我感覺現在你的身邊也有一匹馬——一匹對你來說，非常特別的馬。牠在那一世曾經跟你在一起，並且觸動過你的心弦，但是到後來卻落得很悽慘的下場。因此，你終於醒悟到自己太看重金錢，不在乎動物的感覺。

當然，那一世的那匹馬被派到你身邊，就是為了要教導這件事情，就像蓋亞和那些貓，再度被派到你身邊來一樣。你這一世要做的功課，就是要盡力照顧動物，同時也照顧好你自己。有時，我們必須經歷事情的正反兩面，才能學到最多的東西。我在某一世曾經虐待過動物，因此這輩子才會決心盡我所能，療癒動物和牠們的主人！動物令人讚歎的地方，在於牠們願意透過自己的苦難來教導我們。所以，你應該感謝蓋亞讓你學到這麼多事情。此外，你也要傾聽牠的心聲，並且對自己更有信心，相信自己已經做得很好了。

蓋亞到了新家後，一定會過得很好。「巴哈花精」（Bach Flower Remedies）中的「胡桃」（Walnut），可以幫助牠安定下來。你家裡的那些動物，如果在被人營救前，曾遭受創傷，無法安定下來的話，這種花精對牠們也很好。如果蓋亞到了新家後，顯得有些不安，你不妨向那位收容牠的朋友提起這種花精。這一類的花精可以在網路上買到。說不定，你已經開始在用了？

另外，澳洲「灌木花精」（Bush Flower Essence）中的「倒掛金鐘花」（Fuchsia）或許對你也很管用，它可以使心情非常平靜、穩定，大幅提升自信心，讓你對面臨的狀況更有把握，所以你不妨看看這種花精適不適合你。

我真的很希望以上的話，能對你有些幫助。如果你對其中任何一部分感到迷惑或是不太確定，請再告訴我，我會試著說得更清楚一些。但總歸一句話：蓋亞會過得很好。請你也要記得照顧自己，讓自己過得更好！

羅姍娜在看了我的信後，告訴我有關「幻想曲」的事。她認為蓋亞所指的那匹馬就是牠，並請我幫他們做溝通。

## 療癒、寬恕、接納和釋放的四部曲

「療癒、寬恕、接納和釋放」這四個詞，可以涵蓋你和自己的關係，以及你和身邊所有動物的關係。先前我在鍵盤上打出「療癒」和「釋放」這兩個字，現在蓋亞又請我插入另外兩個字——先是「寬恕」，然後是「接納」。

這一切都和亞特蘭提斯文明[1]有關，也是我先前幫你做回溯時所提到的前世創傷。這裡指的前世，就是我沒有善待動物的那一世。幻想曲當時是亞特蘭提斯少見的「黃金馬」之一。牠們都是栗色的，而且身上——多半是在頭部——通常都有一撮很特別的螺旋狀毛髮。幻想曲是一匹很有智慧的馬。牠會出現在我為蓋亞做回溯的時候，原因已經很明顯了。你還記得嗎？蓋亞曾經提到你生命中有一匹很特別的馬，你和牠之間的連結很重要，這匹馬會大大的增進你對自我的認識。牠說，你的靈魂仍然沒有打從心裡接納自己、寬恕自己。

1 編按：Atlantis，一個傳說中高度文明的國度，距今約一萬兩千年前。最早的描述出現於古希臘哲學家柏拉圖的《對話錄》裡。環狀的都市周圍有運河與大海相連，市區內部有黃金白銀鑄造的華麗宮殿與神廟、祭祀用的巨大神壇、物產豐饒景色美麗，科技進步的程度令人難以想像，並有設備完善的港埠及船隻，以及「能夠載人飛翔的物體」。然而，據稱它在西元一千六百年前，一夜之間沉入大海，文明全遭毀滅。

你就像我一樣，決心盡自己的能力幫助世界上的動物，療癒牠們的創傷；但你也像我一樣，時常會忘記要幫助自己、療癒自己。從前我在紅海和野生的海豚一起游泳的時候，從牠們那裡接收到一些寓意深刻的訊息。海豚告訴我，牠們和亞特蘭提斯文明的連結，並且表示人類當中也有許多人和亞特蘭提斯有連結。儘管我們並沒有察覺，但事實上我們都因為亞特蘭提斯文明的毀滅而感到內疚，這使得我們的靈魂無法真正原諒自己。那些海豚指出，這樣的負面能量就像寄生蟲一般，盤踞在我們的DNA當中。我們現在必須清除這些負面能量，避免再犯下和過去同樣的錯誤。

希望你不會覺得這樣的說法太怪誕，上回我沒有提到亞特蘭提斯，是因為不確定你能不能接受。但現在我已經跟你見過面了，所以我知道你會試著去理解這個含義很深的訊息，並且明白幻想曲和你身邊的動物，正幫助療癒你的靈魂。你和幻想曲，同樣都曾經處於亞特蘭提斯文明的黃金年代。當時，世界上充滿了愛與療癒。後來，新的基因工程技術開始出現。最初是為了要改善當時的物種，治療所有的疾病，才發展出基因工程技術。但後來人類越來越貪婪，並且因為擁有這些科技知識而妄自尊大，想要掌控一切。在這個過程中，我雖然並沒有直接參與，但當情勢逐漸失控的時候，我也只是旁觀，沒有去阻止。

幻想曲說你們原本立意良善，但是當你們意識到自己的所作所為造成的災難，使亞特蘭提斯文明即將覆滅的事實時，已經為時太晚。希望你不會覺得這樣的說法太怪誕。即使當我在鍵盤上打出這些話語的時候，我仍然可以感覺到幻想曲正拚命的試圖向你解釋這一切。我過去在幫別人做回溯時，從來不曾有過這種現象——感覺上，這些話語好像是幻想曲用牠的馬蹄，在鍵盤上敲打出來的。

到了另外一世，你選擇做一個馬商，是為了讓幻想曲能夠再度進入你的生命，影響你對待動物的方式以及對動物的理解。我也曾經回到那一世去，當我看到自己的所作所為後，感覺非常難受。我想有必要再回去一次，來療癒那個傷口，但到目前為止，我還沒有這樣做，所以我感覺自己仍然在為那世所犯的錯誤而贖罪。幻想曲說你也是這樣，你在各方面所經歷的一切都是因為在懲罰自己。所以，我要再次感謝你，因為我在這方面也需要做一些省思！我想，除非我們能夠清理並且釋放那些情緒，否則傷痛將永遠無法獲得療癒，我們也無法真正去愛自己。我認為許多熱愛動物的人，為寵物做出很大的犧牲，沒有照顧到自己，其實都是為了要彌補前世所造成的傷害，替自己贖罪的緣故。

## 沐浴在愛與寬恕的粉紅光中

你可以靜靜的坐在幻想曲旁邊，「告訴」牠，你已經明白了事情的前因後果，並請牠告訴你應該如何放下那些罪惡感。我相信，牠一定會很樂意幫助你。你可以開口把這些話說出來，或是在心中默念，把內心的愛傳送出去。你也可以想像你們在那悲慘的一世死亡時，靈魂上升到一團象徵著無條件的愛與寬恕的粉紅色光，沐浴在那樣的光中。看看你這樣做的時候，會有什麼感覺。

此刻，幻想曲正告訴我們：過去的事情一點都不重要，重要的是我們該如何對待這個星球，以及居住在這個星球上的所有生物。這是一件非常崇高、非常偉大的工作。你或許會覺得自己很渺小，沒有什麼分量，但只要你熱愛你的工作，並努力發揚光大，你就可以幫助人們體認到這些美麗而有靈性的馬兒發出的訊息，並瞭解牠們的需求。

現在，蓋亞和幻想曲也提到了另外一匹黑馬。這匹馬很需要你的幫助，但也教導你許多事情。我想，牠讓你重新省思過去自己騎馬以及對待馬兒的方式。此外，我感覺蓋亞被派到你身邊，就是為了要引出你心中的罪惡感（就是我先前所談到的那種感受）。牠不知道那匹黑馬年紀有多大，只知道牠是雙魚座的。我感覺這一點，也和亞特蘭提斯文明的海洋能量有關。我感應到牠先前的主人剛剛搬家，因為嫌麻煩，所以沒有為牠找一個新家，也沒有考量牠的需求。我很高興你已經克服困難，收養了牠。

幻想曲希望這次回溯能夠進入很深的層次，因此當我停下來問牠「那匹黑馬年紀多大？」等問題時，牠就覺得很洩氣。牠說這些事情都不重要，重要的是你要瞭解牠傳送給你的訊息，並且根據這些訊息來行動。

所以，你不妨試著坐在這匹黑馬身邊，看看會發生什麼事，然後再告訴我。你可以用粉紅色的光，看看那樣會讓你有什麼感受，然後再多給我一些回饋，以便我在必要的時候可以幫得上忙。

在此為你和你那些美麗的動物，送上許多粉紅色的愛！

「讓一匹馬在你的耳畔低語，
在你的心上呼吸……
這樣做你絕對不會後悔。」

——佚名

幻想曲

## 療癒前世的痛苦
### ——蘇和克羅伊（馬）

最近我應邀去診察一匹馬，牠認為自己曾在前一世害死牠的主人，於是今生便回到世間來療癒那個創痛，並保護她的安全。這個主人的名字叫做「蘇」。有一天，蘇請我去她家，看看她那匹小馬「克羅伊」是怎麼回事，因為牠的脾氣變得很暴躁，而且有時看起來一副可憐兮兮的樣子。蘇在克羅伊很小的時候就買下牠，一直都對牠很好，也很喜歡牠。我問蘇：她第一次看到克羅伊時有什麼感覺？她說，當時克羅伊邁開大步，直接走到她身邊，並輕輕的推了她一下，彷彿在對她說：「把我帶回家吧！」蘇原本沒打算買一匹年紀這麼小的馬，但克羅伊的神情裡有某種東西，讓蘇不由自主的將克羅伊帶回了她在德文郡的農場。

### 自責的馬兒

我悄悄進入馬廄時，克羅伊將兩隻耳朵往後豎，對我擺出一張臭臉。我聽見牠在說：「蘇根本不瞭解我！我必須證明自己。我必須讓她知道我騎起來很安全，而且我很愛她。」克羅伊只有兩歲，還沒到可以被騎乘的年紀，但看來牠的情緒不穩，是因為牠沒有機會展現牠的聰明才智，向蘇證明牠絕不會讓她受傷，所以感到非常挫折。

可憐的克羅伊！牠讓我看到前世，牠和蘇在一起時發生的可怕事件。當時牠正載著蘇，走上一座陡峭的山壁，但是一不小心失足了，便連人帶馬的摔了下去。蘇的背脊斷裂，被壓在克羅伊的身體底下，兩者都不幸喪生了。克羅伊告訴我，牠覺得自己應該為蘇的死負全責。牠那深沉的哀傷，讓我濕了眼眶。

接著，克羅伊又告訴我，蘇在這一世背部仍然痛得厲害，說完牠就輕輕的用鼻子摩挲著蘇的脊椎尾端，指出她疼痛的部位。當我把這些話轉告給蘇時，她開始哭泣，因為她也能感受到克羅伊心中的沮喪與沉痛。她簡直無法相信克羅伊居然知道她的背痛，甚至還可以準確的指出她的背先前開刀的部位。蘇表示，她每次騎馬場裡其他的馬兒時，克羅伊總是顯得特別煩躁。克羅伊則告訴我，牠只是想和其他馬在一起，當匹「成熟的馬」。除了不想落單之外，牠也有挫折感，因為牠沒有機會證明自己是一匹安全可靠的坐騎。

蘇答應克羅伊，她會牽著牠或放長韁繩，帶牠到外面去，讓牠有機會證明自己是一匹聰明懂事的馬。

## 療癒主人的背痛

不過，蘇背痛的問題仍然還沒有解決。這時克羅伊突然低下頭，把口鼻放在蘇的後腰上，閉上眼睛，開始深呼吸，並輕柔的將牠那溫暖的氣息呼在蘇的疼痛部位上。此時，克羅伊的眼睛半閉著，顯得非常專注。我問蘇有什麼感覺，她說她覺得整個背部都很溫暖，幾乎都快要發燙了，而且內部似乎有一些尖銳的、像是水晶的東西正在溶解，後來蘇的背部就不再疼痛了。

我依照克羅伊的指引，請她開始想像不用馬鞍，騎在克羅伊的背上，馳騁在一座美麗草原上的情景。克羅伊特別要我提醒蘇，請她注意克羅伊的腳步是多麼穩健，而她騎在牠背上又是多麼安全。我想像著這幅畫面，感覺克羅伊已經卸下了心上的重擔。牠的眼神看起來柔和許多，臉上的表情也愉悅多了，似乎很開心自己終於能夠一吐為快，讓蘇明白牠為什麼如此沮喪。牠很高興將有機會證明自己是一匹值得信任的馬兒，也很期待自己被裝上馬鞍、供人騎乘的那一天。我給克羅伊一個大大的擁抱後，便離開蘇了。

後來蘇告訴我，她已經不再需要服用止痛藥，自從克羅伊為她治療之後，她的背部就不再疼痛了。

## 發現隱藏的潛能
### ——凱倫和費夫（馬）

我在法國時，曾應邀去和一匹外型俊美、名叫「費夫」的馬兒溝通。費夫每次看到牠的夥伴被騎出去，只留下牠在馬場時，就會出現分離焦慮的現象，讓牠的主人凱倫很傷腦筋。他們甚至為此買了一隻驢子來陪伴牠，但還是於事無補。費夫仍然會大聲嘶鳴，任憑他們怎麼安撫都沒用。同時牠還會在馬場上沒命的奔馳，有幾次甚至衝到外面，沿斜坡往下跑，朝著馬場的柵欄飛奔，險些撞上柵欄，受到重傷（幸好牠在最後關頭猛然煞住）。如果把費夫關在馬廄裡，牠就會試圖跳出去，要不就是撞來撞去，把馬廄弄壞。

由於費夫的行徑讓人難以捉摸，騎起來並不安全，他們另外又買了一匹溫順的棗紅色馬兒，讓凱倫能夠享受騎馬的樂趣。這匹名叫「梭羅」的馬兒，後來便成了費夫最好的朋友。

可惜的是，費夫的問題讓大家都對牠敬而遠之。牠之前的主人因為身體不好，而且被牠的古怪行徑嚇到，就將牠給了凱倫。凱倫原本希望她能夠讓費夫平靜下來，好好相處，但到目前為止還沒有達成。話說回來，這次溝通的過程，使我再度對宇宙的巧思，安排當事者在今生重逢，療癒前世傷痛，感到讚歎不已。

## 回到中世紀

我抵達凱倫那座美侖美奐的宅院時，有一群貓狗跑出來迎接我。牠們各色各樣都有，而且個個都搖著尾巴，興奮的叫著，想告訴我這裡發生了什麼事，讓我（心靈上）的耳朵簡直都快聾了。我只好請牠們放慢速度，一個一個輪流說。牠們告訴我，凱倫現在一定得解決這個問題，又說費夫是故意表現出誇張的行為，為了要引人注目，使問題能夠獲得解決。我把這些話轉告凱倫，她承認實在想不起來當初為什麼會同意收留費夫，牠的名聲的確不怎麼好。但不知道為什麼，她就是答應了。事實上，當宇宙在做工時，這樣的情況是很常見的。無論如何，等我走到馬場上，見到費夫、牠的朋友梭羅和那頭可愛的驢子——牠有一對我所見過最大、毛髮最蓬鬆的耳朵——之後，答案就揭曉了。

當我開始感應到費夫的能量場時，立刻變得非常焦慮。我的腦海浮現一幅畫面：一個身穿盔甲的武士騎著一匹高大的黑色戰馬（我覺得牠就是費夫前世的化身），另外一個武士則騎著梭羅（那一世的梭羅體型比現在魁梧，但毛皮仍然是棗紅色的）。我感覺那位騎著費夫的騎士就是凱倫。他們在一座城堡裡遭遇埋伏，企圖逃出去，跑到樹林裡避難，梭羅和牠的主人正在那裡等候。不幸的是，當他們從城垛口往下跳時，不知道什麼原因居然掉到了護城河裡，喪失性命。他們的喪生，導致費夫無法回到梭羅身邊，這多少可以解釋費夫為什麼在今生顯得如此急切。

我問凱倫：她對中世紀的事物感興趣嗎？因為如果前世曾在某個時代或某個國家待過，有時候會對那個時代或那個國家特別有興趣。凱倫回答說，最近她曾經發生一件非常奇怪的事情，連她自己都不知該怎麼解釋。

她指出，一個月前，她應邀參加一場中世紀的遊行和長矛展示會。當時她不知何故就自願上台，練習以長矛比試。當她把長矛拿起來開始揮耍時，似乎憑本能就知道該怎麼做，一派輕鬆、毫不費力，儼然是專家的模樣，讓旁觀的人都嘖嘖稱奇，她自己更是非常驚訝。現在她終於明白其中的道理了——原來她在前世曾經是位武士，自然有許多使用長矛的經驗。

當我要凱倫感應那一世的創傷時，雖然我沒有告訴她太多細節，但她卻能夠詳細描述當時她和費夫的樣子，以及當她意識到他們遭到背叛的下場時，心中那種絕望和恐懼的感覺。由於我剛學了「重寫前世劇本」的方法，我建議她設法想出一個比那一世更好的結局。這時，已經完全平靜下來的費夫也站在那裡，閉著眼睛深呼吸，彷彿正努力用牠的意志力來創造一個比較好的結局。後來，凱倫開始想像她騎著費夫往下跳時，安全著陸，及時逃脫，並全速飛奔，跑進森林裡，和正在等待他們的友人會合。

除此之外，我認為費夫和梭羅在今生的連結如此深，有可能牠們在那世時是一起長大的兩匹馬。我告訴凱倫要全心感受她和費夫安全逃離，並可以與同伴會合時，那種如釋重負的感覺。這時凱倫的情緒變得非常激動，而費夫則打著大大的呵欠，將牠體內積存已久的緊張情緒釋放出來。凱倫告訴我，她之前不知為什麼一直有種強烈的無力感，對自己沒什麼信心，也不太能夠信任別人。她說，現在突然覺得自己變得強壯多了，不但對自己比較有信心，也覺得她目前所面臨的一些挑戰其實並沒有那麼困難——換句話說，她相信事情的結果會比原先所預期的要好得多。

我們也「告訴」費夫：梭羅每次離開馬場，只是出去一下子而已，牠們絕對不會再被拆散。凱倫甚至希望費夫能夠保持冷靜，讓她可以騎牠。那麼她就可以再找另外一個人來騎梭羅。如此一來，他們就可以一起出去了。

凱倫似乎開始對自己的能力有了信心，我相信她的信心一定能夠感染費夫。當我聽她說到那次舞弄長矛的經驗時，心裡非常訝異，不禁想到我們除非親自嘗試，否則永遠都不會知道自己究竟有哪些潛能——誰知道呢？說不定我們每一個人都有一些不為人知的天分，只是千百年來一直被埋藏在靈魂的深處，沒有表現出來罷了！你如果能夠重返前世，就會對自己有更多的瞭解，這真是很令人興奮的一件事情。下面是另外一個例證。

費夫和凱倫

# 回到原野，重新連結

## ——凱特和勞爾（馬）

並非所有的前世，都有創傷或需要被療癒的地方。我曾經拜訪過一匹情緒很不穩定的馬。牠名叫「勞爾」，是一流的花式騎術用馬，但牠住在西班牙的時候曾經遭受嚴苛的對待，受到了制約，所以唯命是從，絲毫不敢違抗，完全不知道該如何表達自己的需求，也不明白自己真正的身分。為了避免招致可怕的後果，勞爾的行為舉止十足像是一個機器人，一個口令一個動作，完全不敢表現自己。牠一直被當成種馬，關在馬廄裡，很少被放出去。難得能離開馬廄的時候，牠也是獨自待在一座小小的泥土院落裡。由於勞爾從來無法自由的和其他馬兒交往，因此牠毫無社交技巧可言。當牠的主人認為牠的狀況已經不能再參加頂尖的競賽時，便將牠賣了。當時，牠已經去勢，不僅精神抑鬱，身形也瘦得可憐。

幸好，後來勞爾被現在的主人凱特——她是一個大好人——救了，將牠帶回英國同住。當時凱特才剛開始學習天然馬術，一心只想要一匹快樂、可以騎乘的馬，因此根本沒道理去買附帶好幾箱裝備，這樣一匹非常高級的花式騎術馬。然而當她第一眼看到勞爾時，就知道他們注定要在一起。

此後，她努力使勞爾走出消沉抑鬱的狀態，希望能建立牠的安全感，使牠敢表現自己。這是一個很漫長的過程，勞爾一直都很緊張。當牠置身在空曠的原野和沼地時，總是嚇得要死，彷彿患有「開放空間恐慌症」。牠什麼都怕——就連看到一個水桶被移動了位置，也會驚慌得好像世界末日一般。

為了治好勞爾的問題，凱特讓牠接受了順勢療法，沒想到反而讓牠心中所有的恐懼一時之間都爆發了出來。不過，就某方面而言，這並不是一件壞事，因為這樣正好讓我有機會試著幫助牠克服那些恐懼。當時我已經請了一位很棒的順勢療法獸醫來擔任我的顧問。我們這種合作形式，並不是所有的獸醫都能接受，但我和我的獸醫朋友都認為在治療動物時應該提供不同的選擇。此外，我們也相信有許多輔助療法，可以彌補傳統療法的不足，能讓動物恢復健康。我的想法是：當我們的寵物生病時，一旦某一種療法無效，就應該盡可能試著去尋找其他能夠治癒牠們的方法，因為牠們值得我們這麼做。

## 從前世的體驗獲得力量

我去探視勞爾時，牠看到沒見過的生面孔，就嚇得不敢進到穀倉裡。後來，還是在凱特收容的另外一匹馬維達的帶領下，勞爾才願意跟著進入穀倉和我見面。當我敞開心靈和牠連結時，感受到牠體內那股巨大的悲傷，使我差點哭出來。我感覺牠來到凱特身邊，是因為牠負有重要的任務，要讓凱特重新與大自然連結，並使她學會留意勞爾在能量的週期性變化與細微差異。凱特告訴我她向來很喜歡馬兒，但她的家人卻對動物沒有什麼興趣。她大半輩子都住在都市裡，但不知道為什麼卻一直覺得自己像個外星人。

勞爾透過心電感應，讓我看見牠的一個前世。當時牠是美國印第安部落裡的一匹小馬，凱特則是一位年輕的勇士。我看見了一片寬闊的草原，洋溢著自由的氣息。那是一幅很美好的畫面。我心中明白他們都必須回到這一世來，和那種自由自在、無所畏懼的感覺重新連結。我還看見一個年輕人騎著一匹沒上馬鞍的黑白小馬，雙手張開，彷彿在向太陽致敬，看起來安詳而平靜，而且整個人都融入大自然。接著，這個年輕人開始策馬向前，盡情飛奔，一副快活的樣子。我問凱特能不能在腦海裡看到那一世的景象（我每次都會讓馬兒向主人顯示他們前世的模樣。當主人描述的情景和馬兒先前向我顯示的一模一樣時，我就知道我們的方向是正確的）。

凱特說她當時是個年輕人，光著腳跨坐在一匹馬的背上。那馬是黑白花色的，沒裝馬鞍。我一聽之下，非常振奮，鼓勵她回想當時的感受。她說那個情景讓她覺得平靜而自由，感覺非常美妙。我請她開始想像自己經由呼吸，把那種感覺吸進全身每一個細胞裡。這樣的體驗讓她渾身充滿了力量，臉上的笑容也越來越燦爛。接著，我請她繼續想像這個情景，並將它投射給勞爾，讓他們都可以把這股美妙的能量帶進今生的生活裡。後來，勞爾開始用力的打著呵欠，牠那美麗的臉龐因此變得扭曲，顯然牠正在釋放被壓抑在體內深處的不安與恐懼。之後，牠看起來就平靜多了，但凱特因為重新體會與大自然合一的感受而非常興奮。我建議她在療程結束後，可以使用一些澳洲花精，並請她告訴我勞爾後來的進展。

這是一個很罕見的案例，因為勞爾和凱特是主動回到前世，去把他們當時的經驗帶回來，而不是去改變那世的經驗。他們在那一世有很深的連結，沒有受到任何限制。我覺得他們今生的功課，就是要掙脫別人強加在他們身上的束縛，回到連結的狀態，再次享受全然與自我連結、與大地連結的喜悅。

## 人和馬一起重獲快樂和自信

後來，我接到了凱特的來信：

星期五那天，你離開之後，我帶著幾匹馬到馬場上去，並像往常那樣等著看勞爾會有什麼反應。過去牠總是會奔跑一會兒，或者和牠的夥伴維達一起玩耍（看牠們一起玩是很有意思的一件事），但這次牠往前跑了一會兒後，就調頭轉身，跑了回來，來來回回一共四次！而且，其中一次牠還做了一件我從來沒看牠做過的動作：牠突然把背一弓，高高的跳了起來，以至於四隻腳都離開地面，兩條後腿伸得筆直，就像維也納的西班牙騎術學校裡的那些利皮扎馬（Lipizzaner）一樣。之後勞爾就一副如釋重負的模樣，顯得非常開心。

現在不只牠變得比較快樂，我也一樣！過去我總是不明白為什麼我的感覺和想法跟大多數人都不一樣，但如今我真的覺得已經找到答案了。現在，我已經不再覺得自己是個怪人。相反的，我覺得我這個樣子也沒什麼不好，對自己的能力和想法也開始有了信心。因此，我要特別謝謝你。

目前我正試著多用意念來觀想。平常當馬兒們待在穀倉裡時，勞爾總是顯得比其他幾隻馬更煩躁。因此，上回我在穀倉裡看到牠頭朝著錯誤的方向時，便站在牠旁邊，觀想牠朝著正確方向的模樣。牠原本一動也不動，但當我開始觀想時，維達輕輕推了一下勞爾的屁股，彷彿是在告訴牠：「照著她的話去做。」之後，勞爾就立刻轉身，頭朝著正確的方向。我不知道這是不是巧合，但感覺很神奇就是了。

或許是因為我已經改變的緣故，今天早上，勞爾遇到一個非常可怕的東西時，居然可以跟我一起從旁邊走過去，這可是牠以前不曾做過的舉動。要是在從前，牠一定會驚慌失措，調頭就走。我真的感覺到，牠變得前所未見的平靜與自信。我相信這都是因為你的緣故！

凱特

就我個人來說，我倒覺得這是因為勞爾選擇回到凱特身邊，幫助他們重新連結的緣故。動物們真的很神奇。

CHAPTER 2

# 寵物的前世是動物還是人？

我剛開始接有關馬的案例時，看過的馬的前世雖然並不一定是馬——其中有些馬的前世是騾子或斑馬，甚至還有一匹馬的前世是一隻很小的多趾始祖鳥（現代馬的始祖）——但無論如何都還是馬科動物。所以我那時認定每一種動物都是這樣。但後來卻有一位獸醫朋友告訴我：有一家人剛買來的小狗，是他們不久前過世的一匹小馬轉世的，讓我非常驚訝。我從來沒有遇過這樣的情況，所以最初對真實性有些懷疑。

因此，馬兒們顯然決定要好好教育我。有一次，我在一群學生的面前示範時，正在進行溝通的那匹母馬居然告訴我，牠有一世曾經是一位東方醫學大師——也就是說，牠前世曾經當過人！你應該可以想像，我多麼難以相信。當我承認這樣的現象的確有可能發生後，遇上了各式各樣不可思議的案例。這些案例讓我更加相信：我們的靈魂為了要進化到最高的程度，可能會選擇任何一種方式來達成目的。下面的故事聽起來實在很不可思議，但也再一次顯示：前世的事情，可能是我們今生種種問題的根源。

## 愛爾蘭飢荒下的手足
### ——羅薇娜和琪吉（貓）

我曾經為一個名叫羅薇娜的可愛女孩，做過動物溝通。她很擔心她那隻叫做「琪吉」的貓，牠總是不斷的哀嚎。儘管牠看起來沒有那麼緊張，但卻總是一副坐立不安的樣子。此外，牠也時常注視著羅薇娜，彷彿想告訴她什麼事情。琪吉似乎期望只要牠叫得夠久、夠大聲，羅薇娜就會明白牠的意思。

**母子三人相攜，轉世為人貓情緣**

羅薇娜在我的治療室坐下來時，被放在地板上的一個籃子裡的琪吉，果然開始大聲的叫著。我向羅薇娜提到她的身材頗為削瘦，她承認自己總是緊張兮兮的，彷彿隨時會有大難臨頭。她還告訴我她有一個兒子，而且也一直很擔心他會出事。她說無論如何努力，也無法擺脫這種莫名其妙的恐懼。我心想或許琪吉正是為了幫助她治癒恐懼的毛病，才會出此下策，用牠那可怕、吵鬧的叫聲來迫使她向別人求助，讓問題能夠獲得解決。我們決定把琪吉從籃子裡抱出來。之後牠便一直平靜的躺在羅薇娜前面，仰頭看著我們，彷彿正在用牠的意念告訴我們究竟發生了什麼事情。

這時，我的腦海裡立刻浮現一幅畫面：一個窮困的愛爾蘭家庭在「馬鈴薯大飢荒」[1]期間為了要活下去，吃盡了苦頭。我看見一個蓬頭垢面的母親，帶著兩個孩子跪在地上哭泣。母子三人都骨瘦如柴。琪吉「告訴」我：牠在那一世時是羅薇娜的哥哥，而羅薇娜今生的兒子詹姆士，則是她在那一世的媽媽！我心想，羅薇娜如果知道這件事，不知道會有什麼反應。

正當我思索該如何向羅薇娜解釋時，她卻突然說：「我想琪吉在那一世是一個人，而且詹姆士也在那裡。」既然如此，我就請她試著描繪當時的情景。令我驚訝的是：她所「看到」的景象，居然和琪吉向我顯示的一模一樣。不過，當她描述那一家人的悽慘境況時，覺得喉嚨越來越緊。我問她那是一種什麼樣的感覺，她說喉嚨好像被一個個悲傷的硬塊堵住了，然後繼續流著淚訴說他們全家喪命的經過。

## 改變前世劇本，沐浴在愛的光中

我問琪吉：有什麼方法可以幫助我們改變這個悲慘的結局？這時琪吉仍坐在那裡，

一動也不動，完全沒有出聲——這可是牠第一次如此安靜。在琪吉的引導下，我的腦海裡浮現他們全家一起向上帝禱告，並開始跳起豐年舞的景象。接著，我看到他們互相擁抱，全家都沐浴在美麗的愛的光中。

我建議羅薇娜不妨試著想像這個情景，看看她可不可以感受到那種愛。她的腦海很快便浮現了這幾幅畫面，而且還看見作物欣欣向榮的生長、他們一家人因此度過劫難的情景。她告訴我，在觀想的過程中，她感覺喉嚨裡的硬塊已經完全消失，而且有如釋重負的感覺。

她說，儘管在今生，她的家庭一點也不窮困，但她卻一直沒辦法好好吃飯，總是擔心錢不夠用。她還說，詹姆士年紀雖小，但卻總是一副通曉世故的模樣，是個「老靈魂」，一直很保護她。接著，說起話來毫無口音的羅薇娜，居然告訴我她的家人是從愛爾蘭來的！

---

1 譯注：愛爾蘭在一八四五年至一八四九年間，因馬鈴薯歉收所導致的飢荒。

# 痛失小獅的母獅
## ——潘蜜拉和洛馬（狗）

下面是一隻德國牧羊犬「洛馬」的主人潘蜜拉所寫，描述他們如何一起轉世的奇妙故事：

### 攻擊行為來自前世的保護記憶

這是我那隻美麗的狗兒洛馬的故事。牠是隻德國牧羊犬。兩年前，牠和另一隻狗跟著我離開非洲，遷居法國。

去年我請瑪德蓮和洛馬溝通，因為牠有一個很嚴重的問題：牠自從第一次看到其他動物（當時牠約莫四個月大）之後，便開始對所有動物展現出攻擊行為。我的感覺是：牠其實並不想打架，只是想嚇跑牠們罷了。但不幸的是，牠在這方面向來非常有效率。我在養狗和訓練狗的方面都很有一套，也曾用盡各種方式想改善這個問題，包括使用馴犬勒（head collar）、花精和營養補充品等，但卻沒有效果，只是不斷原地打轉，而且情況還越來越糟。不過，自從我透過前世回溯的方式，解決了我個人的某些問題後，我越來越常想到有關前世的事情。我心想，或許我的某一世曾經發生過什麼事情，對我和洛馬造成了重大的影響。於是我就寄了一張照片和毛髮樣本給瑪德蓮。

瑪德蓮在做完回溯後表示，她看著我們的照片時，腦海浮現了幾隻獅子的畫面。因此她認為我有一世曾經是洛馬的孩子，當我受到一隻雄獅攻擊時，牠卻未能保住我的性命。洛馬失去我後，身心交瘁，認為自己沒有做到該盡的責任。於是到了這一世，洛馬才會卯足了勁，確保這種事情不會再度發生。說到這裡，我必須承認：當我看到她在信上所寫的這些話時，心裡忍不住想：「糟了，我怎麼會跟這種瘋婆子打交道呢？」後來我回信告訴她，洛馬是在肯亞出生的。我對牠前世曾經是隻獅子這一點沒什麼意見，但我不認為動物會轉世變成人，也很難相信我和洛馬前世曾是母子，不過洛馬在看到其他動物時，的確有過度反應的現象。

後來，瑪德蓮給了我很詳盡的答覆。她提到她從前看過的一個案例：有一匹馬前世曾經是一個人，而且是騎兵隊的軍官。他眼看自己手下的馬兒慘遭殺戮，感到深惡痛絕，於是數度轉世為馬兒，讓自己能體驗牠們的命運。瑪德蓮更進一步解釋：她相信我們的靈魂可以選擇自己要以什麼身分轉世，學習自己所要學習的功課。這個說法讓我很能接受。從此我便開始遵照瑪德蓮的建議，使用巴哈花精療法中的「忍冬」

（Honeysuckle），幫助洛馬和我自己放下過去。

幾天之後，我決定讓洛馬接受「靈氣」治療[2]。在治療期間，我開始感受到一些情緒，但不知道源自何處。此外，我的腦海也浮現一隻母獅口裡啣著一隻小獅子的畫面，感覺到自己對那隻母獅有很多的愛和情感。同時，我也察覺心裡有一股憤怒的情緒。於是我開始靜坐，最後這股情緒才逐漸化解。現在我相信我會感到憤怒，是因為當年我是小獅子的時候，不幸猝死。那次療程結束時，我已經淚如雨下，而在整個過程中一直不動如山的洛馬，則大聲的吁了一口氣。

儘管如此，我當時仍然無法相信自己曾經是一隻獅子。於是我寫信給從前曾經幫過我許多忙的一位靈媒，問她是否曾經在我身上看到任何獅子的影像。她回信說沒有看過，但奇怪的是，那一個星期她一直在畫獅子。此外，她在感應我的能量場時，發現我最近曾經用一種非常正面的方式釋放了負面能量。這證明那次靈氣治療時，我感應到的，並不是我的幻覺。

所以，我越來越相信我看到的獅子畫面，不是憑空想像出來的，瑪德蓮也不是一個瘋婆子。於是，過了幾天之後，我決定更進一步，看看自己可不可以進入那隻小獅子的生活。我發現這並不困難。我看見一個像是東非草原的地方，有三隻小獅子正在一處岩丘。那裡看起來像是塞倫蓋提（Serengeti）國家公園（不知道為什麼我之前一直都不想去那裡玩）。我看到我有兩個兄弟，但牠們都已經死了。在那一世我們遭逢乾旱，大地一片荒蕪，動物的屍骸遍野，沒有水也沒有食物，日子過得非常艱苦。由於我們的母親洛馬一直找不到食物和飲水，因此我的兄弟們都死了。我不知道自己是怎麼死的，但能深深感受到洛馬心中那無法承受的傷痛。對於洛馬來說，這想必是非常不堪的一世。我意識到我非得幫洛馬釋放這些傷痛不可，但卻不知道該如何著手。

## 釋放前世留下的負面因果

洛馬七歲生日後過了一個星期，瑪德蓮按照預定的計畫，前來法國探視我們。她注意到洛馬時常處在戒備的狀態，似乎一直在評估周遭的風險，而且牠心中仍充滿了牠在當獅子那一世所留下的傷痛。她指出，洛馬的眼神非常銳利，彷彿一眼就可以把人看穿，而且頗具威脅意味。

同時瑪德蓮也感覺到洛馬的脈輪已經堵塞了，於是試著幫牠疏通脈輪。等到洛馬準備好時，瑪德蓮就請我打開自己的心輪，與牠連結，並將我帶回我還是小獅子的那一

2 譯注：Reiki，一種徒手能量療法。

洛馬的眼神

世，希望能夠改變當時所發生的事情，讓我們有個幸福的結局。這一回，當那頭雄獅出現時，洛馬立刻把我藏在岩丘下一處隙縫裡，然後走下岩丘迎戰對手。儘管當時牠的身體已經非常虛弱，但牠還是試著裝出雄壯威武的樣子，讓那隻雄獅不敢和牠交戰，調頭往另外一個方向走去。牠走後，洛馬坐了下來，目送雄獅的身影，確定牠真的已經走遠。沒想到洛馬才剛坐下來，天上就下起雨來。一大顆一大顆晶瑩的雨珠，從雷聲隆隆的天空落下，空氣中充滿雨的氣息。這意味著乾旱的季節結束，大地將重獲生機。

後來，我腦海浮現了另外一幅畫面：一對體格強壯、身手矯健的獅子母女，正在岩丘上俯瞰著下方的草原。牠們在生機盎然的綠色大地上一起打獵，彼此互補，成了很好的合作夥伴。直到今天，我仍然會不時想到這幅畫面，想到牠們那雄壯堅強、生氣勃勃、和諧共處的模樣。牠們找回了自己的力量。

洛馬和我也需要如此。我意識到，這次治療是否成功，全看我能不能在我需要的時候，發揮曾經身為獅子的力量。

為了確保這點，也為了斬斷所有負面業力的綑綁，瑪德蓮建議我和洛馬一起使用澳洲「猴麵包樹」（Boab）的花精。這種花精非常有效，可以幫助人們拋開負面的思考模式和經驗，釋放內心深處的情緒，特別是與家庭有關的情緒。

## 惡犬不再

和瑪德蓮見面後，過了兩、三天，我開車載著洛馬出去，在半路上停下來和一個朋友聊天。當時，我朋友的頭部距離車窗很近。通常洛馬看到這樣的情況就會開始狂吠，激動得全身搖晃，但我發現牠這次卻很平靜，一副毫不在乎的樣子。連我的朋友也注意到了這個現象。事實上，正因為牠的表現和從前大不相同，我朋友還以為牠是我另外一隻狗。這件事讓我非常振奮，也讓我相信今後一切都會很順利。

事實上，正因為我很有信心，我後來還約了一位養了兩隻小狗的朋友，要跟她一起帶狗（包括洛馬和我的另外一隻狗）去散步。我們見面前幾天，我在靜坐時，腦海浮現了一幅畫面：我們在一條小徑上散步，而洛馬和其他幾隻狗走在我們前面。畫面非常清晰，我很努力的將它烙印在腦海裡。到了那一天，洛馬下車後，表現一如從前的激動，甚至還把我拖到道路對面，去看其他那幾隻狗，使得我的心往下掉。

但是，過了大約五分鐘後，洛馬就平靜下來了，表現出史無前例的乖，讓我開始覺得好過一些。我們散步期間，我鬆開洛馬的狗鍊。之後牠雖然沒對其他幾隻狗特別友善，但也沒造成任何傷害。每次洛馬太過分時，牠們就會對牠吠，而牠也就會乖乖退後。過了大約二十分鐘後，我發現牠已經完全安定下來了，而我之前靜坐時所看到的畫面，就活生生的在我眼前上演。

幾個星期後，我大膽解開洛馬身上的狗鍊，讓牠去和其他動物打交道。因為我發現洛馬沒上狗鍊的時候，表現會比較好，而我自己如果不需要牽著牠，被牠拖著到處跑，情緒也會比較平穩。我只需要判斷在碰到哪些狗時，可以讓洛馬自由行動，哪些不行就可以了。最近我曾經帶著洛馬和其他六隻狗一起散步，洛馬的表現都相當不錯。儘管牠仍然會對其他狗怒目相向，但眼神已經不再像從前那麼凶狠，肢體語言也不一樣了。

此外，很重要的一點是：我自己也變了，我不再像從前一樣容易激動、憂慮或驚慌。花精的作用往往非常微妙、不容易察覺，因此我和洛馬剛開始使用猴麵包樹花精時，還以為它沒效。但回想起來，我現在和洛馬在一起的時候，能夠變得如此平靜，猴麵包樹花精應該功不可沒。

我意識到過去我總是很擔心洛馬、別的動物或自己會受到傷害，但事實上這些恐懼都是毫無根據的，因為到目前為止根本沒發生過什麼壞事。我一味的擔心，只會讓洛馬為了保護我而表現得越來越糟罷了。我想我們說不定有好幾世曾經在一起，而且下場都不太好。不過，現在我已經充分明白這一點，事情就不難處理，因為我的生命已經被改變了。

我想，只要是家有惡犬的人，都應該能夠體會帶著這樣的狗去散步時要多麼小心——你必須盡量設法避開某些地方、某些人、某些時段或某些動物——而且身為惡犬的主人又是一件多麼令人尷尬、自卑的事。歸根究柢，我和洛馬前世是不是真的是獅子其實並不重要，重要的是改寫前世劇情以及瑪德蓮的協助，確實讓我更有自信、也更加平靜。

洛馬散步的模樣

目前我和洛馬正逐步與其他動物建立關係，我知道這不能操之過急，不然會有反效果。不過，現在我想我們的故事，應該會有一個歡喜的結局。

## 幫助療癒另一世的創傷

除了以上潘蜜拉描述的改變外，洛馬也幫助她療癒了前世的另外一個創傷。原來潘蜜拉的雙手一直有麻木無力的現象，這對身為靈氣治療師的她顯然非常不利。我在法國幫他們清理獅子那一世的創傷時，洛馬曾希望我能幫助潘蜜拉在治療工作上有所進展。牠讓我看到潘蜜拉有一世，曾經是中世紀時住在法國的一個少女，是一位很有天分的治療師，但由於當時的人對這類人士心存疑慮和偏見，因此她必須極度小心，以免被當成女巫。

有一次，潘蜜拉應邀去治療一個罹患肺癆、病情很嚴重的小女孩。這個小女孩的父親是一位貴族。他為了拯救女兒的性命不惜付出任何代價。潘蜜拉進入那座雄偉的城堡後，被帶進一個陰暗的房間。小女孩躺在裡面，臉色非常蒼白。她的貴族父親懇求潘蜜拉救她一命。但儘管潘蜜拉已經盡力施救，那小女孩的病況仍然逐漸惡化，最後終於不治。貴族因此大發雷霆，責怪潘蜜拉，並命令手下砍掉她的雙手，將她趕出城堡，她也因此喪命。這一世的創傷，讓潘蜜拉對自己的治療能力始終缺乏信心。所以，她過去一直不太敢表達自己想要從事療癒工作的意願，甚至連她的家人都不知情。

直到洛馬要我詢問潘蜜拉手部的狀況時，她才說了出來。潘蜜拉說她的手一直有輕微的關節炎，尤其是左手。當我細看她的雙手時，居然「看到」她的兩隻手腕上各有一條細線，看起來像是一道淡淡的疤痕，她的兩隻手掌幾乎像是斷掉後又被裝回去一樣，讓我非常納悶。這時坐在我們旁邊的洛馬開始向我「顯示」前世所發生的事。後來，我向潘蜜拉描述我看到的景象，但心裡並不太確定她聽到後會有什麼感想！幸好，這時她已經習慣我這些怪誕的直覺了，更何況她百分之百的相信洛馬的判斷。

在洛馬的幫助下，我們回到潘蜜拉的那一世去改變結局。這一回潘蜜拉觀想她用雙手把光傳送到那個小女孩身上，使她全身都充滿了光，並且重獲健康。貴族因此非常感激潘蜜拉，不僅送了她許多禮物，還成為她終生的贊助人與保護者。潘蜜拉也因而聲名大噪、備受尊崇。今生的潘蜜拉觀想著以上的情景時，感覺能量不斷的流入她的雙手，她也因為感覺到自己確實具有助人的潛能而大為振奮。

讓洛馬能夠親眼目睹潘蜜拉重新獲得能量，是很重要的一件事。我之前強調，他們曾是打獵的夥伴——身為老母獅的洛馬靠的是歷練，而潘蜜拉靠的則是年輕敏捷的特質。母女相互合作，宰殺獵物，以確保獅子家族的存活。我很高興看到洛馬那一度銳利逼人、令人望之卻步的眼神，如今已經變得比較柔和。牠是一隻很有支配欲的母狗，令人不難想像牠前世曾是一隻多麼凶猛的母獅。那一世的牠，因為無法保住自己的孩子而悲傷不已，因此在今生便對潘蜜拉表現出過度保護的行為。但洛馬選擇在今生與潘蜜拉重新連結，來療癒所有的悲傷，並使他們開始充分享受共處的時光。

## 慘遭納粹射殺的母女——克萊兒和貝絲（狗）

你知道有些事情無論你做與不做，都不會有什麼好下場。你心裡總是充滿了罪惡感，偶爾做了好事的時候，心裡都不免疑惑：你到底該不該幫這個忙？你的建議是不是讓別人產生了原本沒有的困擾？你對自己充滿了懷疑，以至於你在日常生活的各方面都受到了影響。你可能變得很偏執，甚至完全不想和別人說話，避免因為說錯話而導致什麼不好的後果。你無論做什麼，似乎總是不能達到你預期的目標。

克萊兒就是這樣一個人，她覺得所有事情——即使只是偶發事件——都必定是她的錯。無論她的家人或寵物發生任何事情，她都會自責不已，覺得那必然都是因為她的緣故。例如，有一次她建議女兒要定期做健康檢查，因為她們家族有乳癌的病史。但後來，她在書上讀到「我們的信念能夠創造實相」的說法後，她卻覺得已經「讓」女兒想到有關乳癌的事，反而容易造成女兒罹患乳癌，這全都是她的錯。我告訴克萊兒：她只不過是關心子女的健康罷了。如果她沒有建議女兒做健康檢查，到時發生了什麼事，為時已晚的話，她一定會更難受的。聽到我這麼說，克萊兒才安心了。

## 因自責而病痛纏身

有一次，克萊兒參加了我舉辦的動物溝通工作坊。她上課很認真，也勇於發言。當她對自己越來越有信心後，她的直覺力也變得越來越強。然而，當我開始用學員們所帶來的寵物照片和毛髮樣本做示範時，我發現克萊兒的內心深處顯然有某些東西需要被清理、被療癒。後來，她和我約好時間，請我幫她做溝通，看我能不能和她稍早之前去世的心愛史賓格獵犬「貝絲」接上線。到了那一天，克萊兒依約來到我家，手裡緊抓著一個手提包。後來我發現皮包裡裝的是她愛犬的骨灰罈和幾張照片（她顯然常看那些照片），可見狗兒的死讓她多麼傷心。事實上，任何一個喜愛動物的人都可以告訴你：和自己的寵物告別對一個人來說是多大的打擊，那療傷的過程中又有多麼痛苦。不過，我很快便發現，克萊兒的問題不止於此。

她的情緒充塞，心裡有許多矛盾與糾結，但其中最強烈、影響她最深、使她沮喪消沉、無法振作的就是罪惡感。克萊兒認定貝絲發生的事情都是她的錯，這點讓她飽受折磨。我輕輕拿起貝絲的照片，看到了一隻非常典型的史賓格獵犬——活活潑潑、生氣蓬勃，有著用不完的精力，而且很能享受生活的樂趣。這時，貝絲進入了我的腦海，而且我感覺得出來，牠很想幫助克萊兒。在貝絲的協助下，我很快就發現克萊兒面臨的問題，遠不止失去寵物的悲痛而已。

貝絲以旁觀者的口氣告訴我：克萊兒覺得所有的事情都是她的錯，並且為此嚴厲的懲罰自己。我輕聲的問克萊兒能不能瞭解貝絲話裡的含義，她立刻流下了眼淚。她告訴我，這一切似乎源自她小時候所發生的一件事情。當時她和一位朋友有點不愉快，不久後，那個朋友在一次車禍中喪生。克萊兒因此而非常自責，認為那位友人的死是她造成的，於是出現了強迫症的症狀，開始瘋狂對所有的事情都要再三查證，最後終於生病了。然而，這時她的母親卻告訴她必須停止這種行為，否則連她——克萊兒的媽媽——也要生病了。這話不僅沒有讓克萊兒停止她的強迫症行為，反而更內化了她的恐懼和自我憎恨的心理，同時還對母親生病一事更加內疚。儘管如此，她卻無法對任何人訴說她的困擾。

後來，克萊兒又告訴我，那段期間她同時也得了肌痛性腦脊髓炎（ME），後來一直為這種毛病所苦，身體非常虛弱。這時，我「看見」貝絲坐在克萊兒的膝蓋上，試圖透過她的太陽神經叢來療癒她。太陽神經叢位於人體的腹部，是我們體內的一個能量中心，會影響我們的自我價值感以及對自我的認知。如果這裡的能量不足，我們的身體和情緒都會出現問題。貝絲請我問克萊兒一些問題：她的消化系統如何？是不是有腸胃不適的症狀？她覺得哪裡有緊繃的感覺？

克萊兒證實她前幾天腸胃確實不太舒服，那天早上身體也很虛弱。我告訴她，貝絲正試著為她的太陽神經叢灌注能量。這時克萊兒察覺到腹部有一股暖意，同時也感受到膝蓋上有一股重量。我建議克萊兒一個人在家裡安靜獨處的時候，不妨坐下來或躺下來，觀想貝絲柔軟溫暖的身體依偎著她，讓貝絲能繼續療癒她。貝絲也保證牠一定會這麼做。

我告訴克萊兒：她的情況很嚴重，顯然是受到前世業力的影響。克萊兒說從前有一位催眠治療師，也對她說過同樣的話，但她一直沒有勇氣回到前世去探究問題所在。我感覺貝絲在和克萊兒共度一生之後，很想幫她徹底解決問題，希望她能獲得療癒。幸好一個星期後，我接到了克萊兒的電話，要和我約時間接受治療。這時，我可以感覺到貝絲非常興奮，甚至看到牠不停搖著短短的尾巴。

克萊兒原本心裡有些忐忑不安，不知道在這個療程裡會看到什麼。但當她感覺到貝絲正坐在她身旁時，她的不安很快就消失了。她伸出手往下摸，說她可以摸到貝絲那對柔軟、可愛而且毛茸茸的耳朵，甚至感覺貝絲正靠在她的腿邊。貝絲的存在是如此的真實，讓我幾乎覺得療程結束後，得用吸塵器吸一下牠留在地毯上的那些棕、白色的狗毛才行。

有貝絲在一旁陪伴與觀看，克萊兒感覺自在多了。我慢慢問她一些問題，並鼓勵她透露更多的往事。克萊兒坦承她曾經很粗暴的對待貝絲，到現在仍在懲罰她自己。她說有一次她把貝絲從椅子上拉下來，把牠趕到外面去尿尿。當時貝絲的年紀已經很大，身體頗為僵硬，動作不太靈光，反應也很遲緩，這點可能讓當時已經飽受壓力、心情苦惱的克萊兒感到非常挫折，才會有這樣的舉動。但貝絲很驚訝克萊兒把這件事情看得如此嚴重，牠說牠一點也沒有因此而恨克萊兒。然而，克萊兒並沒有好過一些。她繼續指出：貝絲快死時，腿部發炎，她為牠做了冰敷，但卻導致貝絲得了感冒，她覺得自己要為貝絲的死負責。然而，事實顯然並非如此。我告訴克萊兒，說不定當時貝絲因為冰敷而比較舒服，但我看得出來克萊兒並不相信。她大腦中掌管理性的部分認為這種說法有道理，但她的慣性思維模式卻不放過她。

克萊兒說她曾經罹患產後憂鬱症，很擔心她的小孩會發生什麼不幸。她甚至自殺過一次，因為她覺得如果自己死了，大家的日子都會好過得多。她顯然面臨被罪惡感吞噬的危險，但我覺得貝絲不會坐視不管。

## 處理前世傷痛的準備工作

我在克萊兒手上滴了兩、三滴淨化氣場的產品，請她用雙手互相摩搓後，吸入這個滴劑的香氣。我會讓所有的個案都使用這類「保護氣場」的滴劑，其中又以馬兒最為喜愛。

我請克萊兒觀想淨化滴劑的療效。於是她一邊想像水分子有如一個個小小的、太陽般的光球在她的四周流動，充滿了讓人振作、平靜的力量，再一邊吸入那些水分子。當小光球開始產生效果時，貝絲引導我為克萊兒脆弱的心進行深度的療癒。我用的是效果強大的「觀想療癒法」（healing visualization）。這個技巧，我會在第十章〈用靜心觀想，和寵物溝通〉討論。當我請克萊兒想像她把自己的心放在面前時，她噙著眼淚大聲的說，她看到整顆心都是青紫色的。我說，這或許是因為她在感情上傷痕累累，她的心已經「瘀青」了。克萊兒很認同這個說法。她又說，她看到心被放在一個鐵盒子裡，那盒子原本是用來保護那顆心的，但現在卻使它受到了限制與束縛。

在貝絲的協助下，克萊兒開始想像自己把那個盒子拿掉。這需要很大的勇氣，因為這樣一來，那顆心就暴露在外面，毫無遮掩，更容易受到傷害。拿掉盒子後，我問克萊兒：她的心感覺如何？她只說了幾個字：「心力交瘁。」

接下來，我又請克萊兒觀想她進入自己的心中，以使由內而外進行療癒。她說，她進去後感覺裡面非常黑暗，於是她想像自己用科幻小說中描述的雷射光束來照亮那片黑暗，打開窗戶，讓光線照進來，心中充滿了陽光。接著，她又點了幾個香氛蠟燭，創造出一個非常美麗的光的空間。她很滿意這種新的感覺，於是又想像她回到外面，看著自己的心。這時她看到那顆心已經變得生氣勃勃、閃閃發亮，跟她先前觀想的傷痕累累的悽慘樣子已經大不相同。我問克萊兒：現在感覺變得怎麼？她說：「比較平靜，也比較安穩了。」

我請她把心放回自己的胸腔裡，並注意它在身體裡面的感覺。她說，她感覺全身上下，對那顆剛被療癒的心所帶來熾熱的陽光能量，逐漸有了反應。接著，我請她想像體內的每個細胞都充滿了陽光，整個人也越來越有力量。最後，我再請她想像全身都沐浴在陽光中，然後就結束了這次療程。這時，貝絲又一副滿心歡喜的模樣，因為牠親眼目睹克萊兒得到療癒。我覺得克萊兒這次非常努力，而且勇氣十足，因為她願意去面對自己的問題。我想，在開始處理讓她極度缺乏自信的前世創痛之前，有必要先進行這些練習。

## 因疏忽而全家慘死的前世

到了下一個療程，我再度看見貝絲義無反顧的陪著克萊兒走了進來，以至於我在為克萊兒倒茶時，也覺得好像該為牠準備一碗水！這次，我徵求了克萊兒的同意，請她允許我探索她前世創傷的根源。在貝絲的協助下，我有了感應。我看見克萊兒有一世住在波蘭，是猶太人。她和孩子們因為身分的緣故，正面臨被納粹緝捕的危險，於是他們躲在一棟被砲火蹂躪、滿目瘡痍的老舊公寓裡，過著風聲鶴唳、草木皆兵的生活。所幸他們一直都沒被納粹發現。但後來有人告知他們，納粹正計畫大舉肅清那個地區，會派人徹底搜索那條街上的所有建築。有人願意幫助他們逃到鄉下，但克萊兒必須在指定的時間內，把她的孩子帶到外面去，和救援人士會合。

我「看見」她在夜半時分試著叫醒她的孩子，但她的女兒並不願意從溫暖的床鋪上起身，以至於克萊兒不得不強行將女兒從床上拉起來。這時，我突然發現克萊兒把貝絲從椅子上拉下來，因而自責的動作，正是前世這一幕情景的重現。我的內心深處「明白」貝絲在那一世曾是克萊兒的女兒，所以他們的關係才會如此親密。不幸的是，克萊兒當時因為急著離開，匆忙間把幾扇木頭門板復位時，沒有發現地上留下的一抹灰塵。這個小小的疏忽，洩漏了他們的行蹤。克萊兒一家人才剛離開，一名拿著手電筒在附近巡邏的納粹士兵，就來搜索他們原先棲身的那棟建築。他注意到了地上那抹不尋常的灰塵痕跡，於是立刻衝到外面去，正好看見克萊兒帶著兩個孩子離去的身影。結果克萊兒一家慘遭砲火掃射，無一生還。克萊兒臨死時，心裡想：「這都是我的錯！是我把孩子們害死了！」

這可以說明克萊兒為什麼會對所有事情都具有如此強烈的罪惡感。人們在前世受到創傷後，可能會帶著潛在的情緒來到今生。這種情緒又可能會被某個看似微不足道的事件或情境觸發，導致嚴重後果。問題往往在於我們，感受到自己的恐懼，卻不知道它源自何處。一旦我們明白了恐懼的根源，就可以讓它得到釋放，理解其中的緣由，獲得療癒。這就是為什麼克萊兒這一輩子總是莫名其妙擔心孩子會出事的原因。令人驚訝的是，貝絲居然會選擇以狗的身分來到今生，幫助克萊兒清理她的創傷，使她能夠獲得療癒。她們母女之間深厚的愛，令人非常動容，而克萊兒也必須透過貝絲的死，才能真正碰觸到問題的核心。

從靈性進化的觀點來看，一個人轉世成為動物，看起來似乎是在退化，但我卻認為要陪伴一個人，清理並療癒他的創痛，最好的方法莫過於當一隻有著柔軟毛皮的動物，陪在他身邊，給他無條件的愛。

## 用神經語言學的技巧，將情感具體化

我把前世所發生的事情告訴了克萊兒，雖然措詞已經盡可能婉轉，但仍然令她相當痛苦，並因此更自責。她說她真是太愚蠢了，居然沒注意到那些灰塵。我想這個事件說明了克萊兒為什麼會罹患強迫症：她認為如果遺漏了某個細節，就會導致可怕的後果，所以她必須時常檢查一些微不足道的小事。現在克萊兒已經明白了其中的緣由。

我告訴她，當時他們如果繼續待在那棟房子裡，根本毫無活命的機會，因此她至少給了她的孩子一絲逃脫的希望。那個士兵會在那個時候出現，純粹是因為他們運氣不好，並不是克萊兒的錯。我的確相信我們可以選擇自己的人生道路，而一切事件的發生都有原因，正是為了讓我們的靈魂在人生的旅程中學習到最多的東西。儘管這門功課對克萊兒來說的確非常困難，但這也恰恰證明克萊兒的靈魂是很強壯和高度進化的，否則她不會為自己選擇一個如此艱鉅的任務。然而，不管怎麼說，她懲罰自我的行為已經嚴重損害了身心健康。

為了徹底解決這個問題，並且幫助克萊兒獲得療癒，我用了一些神經語言學（NLP）的技巧。這種技巧能幫助一個人將痛苦的情感形象化、具體化。我請克萊兒觀想一個能夠代表她目前狀況的意象，可以是一隻動物、一隻鳥或一件物體。她選的是兔子。我問她：這隻兔子在哪裡？是公兔還是母兔？牠感覺如何？她說牠是一隻在原野上的母兔，很沒有安全感。我問她為什麼，她說牠擔心會被人射殺。接著我請她觀想另外一個意象，代表未來的她，也就是她放下所有恐懼和罪惡感，徹底原諒自己，不再為自以為做錯什麼而自責之後的樣子。這次她選擇了長頸鹿，因為長頸鹿站得高、看得遠，可以綜觀全局，而且儀態優雅祥和。這隻長頸鹿也是母的，心境快樂而安詳，對自己有充分的認識。我請長頸鹿對那隻兔子「說話」，並給牠一些建議，教牠如何釋放恐懼、得到快樂。

每當我的個案做這樣的練習時，我都會請他們分別用左右手握住兩個不同的意象，讓它們自由對話。這樣就能讓每個意象自我表達，讓未來的意象幫助目前的意象成長，逐漸變為一個正向、積極、健康的自我。當個案做完這個練習後，兩手會合在一起。

長頸鹿在建議兔子要不斷前進時，漸漸發現自己的恐懼消失了。此外，兔子也發現自己在當獵物的過程中，發展出許多寶貴的技能，感謝自己擁有了這些敏銳感官和求生本能。練習結束時，克萊兒雙手互握，同時她腦海浮現的意象，也變成了一個美麗的粉紅色球體，這象徵著力量，讓她可以將這股力量吸進心中，再從心中進入全身的每一個細胞，改變她對自我的信念，使她變得比較正向，更能掌握自己的人生。

接著，我又用了我的好友西雅訓練我時，教我的一個巧妙方法，能夠立刻測出我們的脈輪能量。脈輪是我們體內的能量中心，不僅和體內的生理系統有連結，和情緒也息息相關。唯有在每一個脈輪中都流動著強勁能量的狀況下，我們才能身心和諧，處於最佳的健康狀態。

克萊兒離去時整個人生氣蓬勃，充滿正向能量，貝絲也繼續深情的守護著她。靈魂伴侶

提莉／貝絲

——無論是人還是動物——可以如此相扶相攜、不離不棄，實在令我感到驚訝。

克萊兒最後一次和我聯絡時，寄了一封電子郵件給我，並附上一張她新養的史賓格獵犬「提莉」的照片。看著電腦螢幕上提莉那雙可愛的眼睛，我彷彿看見貝絲的身影。顯然貝絲再度轉世為一隻狗，繼續忠心耿耿的陪伴著克萊兒。我很高興克萊兒已經克服了自責、擔心、害怕承擔責任等心理障礙。先前她一直希望自己能有足夠的信心再養一隻小狗，但卻不相信自己能辦得到。提莉的到來，充分證明克萊兒在這方面已經進步很多。我為她和提莉感到高興。

那次我教克萊兒使用的脈輪技巧，是運用圖像的作用和人類心靈的自癒能力，在我們的內心深處造成立即的改變，達到療癒的效果。越常練習這種技巧，就越能快速的測知自己所處的狀態。

我們身體的內部和四周有許多脈輪，但以下所提及的七個脈輪是最基本也最重要的脈輪，如果能善加運用，就可以獲得明顯而強大的效果。寵物體內也有類似的脈輪。只要多加練習，你也可以運用直覺，看到那些脈輪的圖像，改變牠們的狀態。

## 人和動物都適用的七個脈輪系統

| | |
|---|---|
| 1. 海底輪 | 位置：脊椎底部。與紅色和「土」元素有關。<br>對應感官：嗅覺。<br>對應情緒：接納、穩定、生存、與大地連結。 |
| 2. 臍輪（性輪） | 位置：骨盆內。與橘色和「水」元素有關。<br>對應感官：味覺。與腎臟、腎上腺、生殖系統和淋巴系統連結。<br>對應情緒：自我認同與自我肯定。 |
| 3. 太陽神經叢（胃輪） | 位置：肚臍上方。與黃色和「火」元素有關。<br>對應感官：視覺。與消化系統、肝和胃連結。<br>對應情緒：與自我價值有關的問題。 |
| 4. 心輪 | 位置：胸部上方兩個肩胛骨中間。與綠色、粉紅色和「風」元素有關。<br>對應感官：觸覺。與胸腺、心臟和肺臟連結。<br>對應情緒：愛自己。 |
| 5. 喉輪 | 位置：喉嚨一帶。與藍色和「天空」元素連結。<br>對應感官：聽覺。與甲狀腺、喉嚨、耳朵、鼻子和嘴巴連結。<br>對應情緒：自我表達。 |

| | |
|---|---|
| 6.第三眼（眉心輪） | 位置：額頭中央。與靛藍色和「銀」元素有關。<br>對應感官：認識自己的內在。與松果體、睡和醒的狀態以及大腦有關。<br>對應情緒：自我覺察／直覺。 |
| 7.頂輪 | 位置：頭頂。與紫色和「金」元素有關。<br>對應感官：思想和與神性的連結。與腦下垂體、頭蓋骨系統、中樞神經系統、毛髮和皮膚有關。<br>對應情緒：靈性／個人力量。 |

我請克萊兒逐一檢測她的各個脈輪，讓心中自然浮現代表那個區域的身體能量與心靈能量的意象。如果那個意象是負面的，我們便觀想一道來自宇宙的白光傾瀉而下，將那負面意象轉化成某種美麗而正向的事物。每個人看到的意象不同。以下我所描述的，是克萊兒見到的意象。

## 用觀想來改變脈輪的意象

1. **海底輪**

克萊兒看到一個高爾夫球。我認為這個意象太過堅硬，於是請她觀想有一道美麗的白光由上而下穿透她的身體，猛烈照射著那顆高爾夫球，直到它變成某個讓她比較愉悅的東西。最後那顆高爾夫球融化了，成為一股水晶般的白光能量。這是克萊兒的基礎能量。

2. **臍輪（性輪）**

克萊兒看到一對美麗的翅膀，這代表她的身分和她身為女人的感受。她對這個意象非常滿意。

3. **太陽神經叢（胃輪）**

克萊兒看到一條美麗的紫色毯子。她很喜歡這個意象，因此我們便欣然接納，不加以改變。

**4. 心輪**

克萊兒看到一顆橘子。你得把橘子撥開，裡面的各個部分才會顯露出來。因此我認為這是一個非常具有正面意義的意象，顯示克萊兒願意敞開她的心房！

**5. 喉輪**

克萊兒看到一面有刺的鐵絲網，並覺得喉嚨有一種被掐住的感覺。由於喉輪是關係到自我表達的部位，我和克萊兒都覺得有必要用白光來改變它。後來，那面鐵絲網變成了一個美麗的粉紅色漩渦。我認為這個漩渦代表的是「說出真心話」，因為粉紅色是心的顏色。

**6. 第三眼（眉心輪）**

克萊兒看到一片美麗的星空，她似乎很喜歡這個意象。

**7. 頂輪**

克萊兒在這裡看見的是一座陡峭崎嶇的火山口，她決定用白光來填平它。最後火山口頂端長滿了青翠美麗的草木，這個意象讓克萊兒感覺正向許多。接著我們討論「填平」、「充滿」以及「滿足」、「實現」等概念的象徵意義，克萊兒對這些很有共鳴。

## 帶著罪惡感轉世的護主忠犬

### ——喬瑟芬和甲蟲（狗）

下面這個案例顯示：不是只有人類會帶著罪惡感轉世——這隻小狗也覺得牠必須在今生努力彌補前世的虧欠！這是一隻小梗犬的故事。牠在前世曾經試著援救牠的主人，但沒有成功，因此便下定決心無論如何要在今生保護她的安全。

「我們全都沒法睡覺，已經快不行了！請你幫幫忙呀！」喬瑟芬在電話中氣急敗壞的懇求我。接著，她向我解釋：她最近剛結婚，最初一切順利，丈夫和小狗也處得很好。但經過一個狂風暴雨的夜晚後，情況就變了。他們經常一個晚上被吵醒好幾次，因為名叫「甲蟲」的小梗犬沒辦法獨自待在樓下。牠會不停的吵鬧，讓他們根本無法休息，直到讓牠進入臥房過夜為止。我試著用遠距療癒緩解牠對暴風雨的恐懼，但卻沒什麼用。甲蟲的情況不但沒有改善，甚至還更加惡化。

## 被強暴的風雨之夜

我抵達喬瑟芬家時，一隻黑褐花的小狗像一陣旋風般的跑了過來，在我兩腳中間穿梭，拚命的檢查我，嗅著我的氣味，判定我究竟是友是敵。等到牠確定我的到來或許有正當的理由時，才領著我進入客廳，坐在我的腳邊，用堅定的眼神看著我。我透過心電感應溫柔的說服牠，請牠說明焦慮的理由，並向牠保證一定會盡最大的能力來幫助牠。當我問牠為什麼那麼害怕暴風雨時，牠向我顯示了一幅非常令人不安的畫面，是喬瑟芬被強暴的情景。我問喬瑟芬：她在過去的關係中，在性上是不是曾經有受到威脅的不愉快經驗？她說從來沒有。

當我進一步詢問甲蟲時，牠便帶著我經歷他們前世的創傷。當時喬瑟芬是一個十幾歲的女孩，出生在非常窮困的家庭，住在一間小木屋裡（那個地區看起來像是北美的森林），頂著一頭亂髮，穿一件破破爛爛的棉布洋裝。

在某個狂風暴雨的夜晚，有個陌生人來到她家門口，想進屋裡去躲避風雨。當時，甲蟲是一隻黃色的老獵犬，對主人忠心耿耿，和從小跟牠一起長大的喬瑟芬更是感情深厚。牠原本很不情願讓這個衣衫襤褸的陌生男子進到屋子裡，但喬瑟芬的父母心地很好，看到這名男子渾身濕淋淋的，心生不忍，就讓他進門躲避風雨。

他們將甲蟲關進外面的一間棚舍後，任由那男子在客廳明亮的爐火旁取暖，烘乾身體。然而，等到眾人都睡熟後，那男子卻悄悄溜進了喬瑟芬的臥鋪（她的父母睡在另外一個地方），拿出一把刀威脅她不能出聲，然後強暴她。甲蟲感應到喬瑟芬的焦慮，開始大聲狂吠，企圖警告她的家人，但不幸的是，他們聽到後只是大聲的呵斥牠，並沒有理會，於是可憐的喬瑟芬就慘遭那名男子性侵。事後，她還來不及出聲求救，男子便一溜煙跑掉了。可憐的甲蟲由於沒能拯救牠的朋友，從此一直無法原諒自己。

## 重寫前世劇本，消弭罪行和罪惡感

這樣的事情實在令人難以啟齒，但我知道非處理不可，這樣才能化解並療癒潛在的創傷。甲蟲向我訴說事情始末時，一直坐在我腳邊，動也不動。喬瑟芬說牠難得這麼安靜而且表情非常專注，因此她直覺牠是在對我說話。可憐的甲蟲！牠很懊惱自己無法阻止喬瑟芬受辱，對她深感歉疚。今生那場暴風雨勾起了牠前世的回憶，再加上喬瑟芬婚後，牠就無法待在她的身邊保護她的安全（儘管牠也很喜歡喬瑟芬的丈夫）。這點使甲蟲簡直快要抓狂。牠覺得如果夜裡能夠跟他們在一起，就可以確保他們不會出事。

喬瑟芬聽到我轉述甲蟲的話後，開始感到相當害怕，埋藏在她內心深處的記憶似乎又再度浮現。這時，甲蟲立刻走過去，坐在她的腳邊，為她打氣。我和喬瑟芬討論後決定：我們所能採取的最佳做法就是讓喬瑟芬想像回到前世；但這一回，在憾事發生之前，她的家人就聽到了甲蟲的吠聲，然後她父親手持獵槍把那個陌生男人趕出家門。在我和甲蟲細心的引導下，喬瑟芬走完了整個療程，並且很訝異自己居然能夠捕捉到當時的畫面和情緒。

結局改寫後，甲蟲變得非常活潑，神情愉快的在房間裡到處跑跳嬉戲，能量變化之大讓我們不禁莞爾，也讓原本緊張沉重的氣氛輕鬆不少。想到這樣一隻小狗居然有勇氣和擔當去化解一樁罪行，我們都不禁大為佩服。

後來，我接到了喬瑟芬的消息。她說甲蟲之後願意睡在樓下，即使在暴風雨的夜晚也是如此，家裡的人總算能夠好好睡上一覺了。

# 從大熊轉世成黃金獵犬
## ——莎莉和巴尼（狗）

我應莎莉之邀，拜訪她和她的黃金獵犬「巴尼」。

### 牠為什麼不斷生病？

巴尼是我看過最大的一隻黃金獵犬，牠的腿粗得像樹幹一樣，腳爪也很巨大。我的腦海裡立刻浮現牠是一隻熊的樣子！不久，牠便朝著我衝過來，險些將我撲倒在地，幸好牠毫無惡意。牠雖然身軀龐大，但年紀卻還很小，而且一生下來就生病了，十分可憐。牠有一雙很好看的深棕色眼睛。但當我溫柔的注視著牠時，那雙眼睛卻開始有了變化，事實上應該說牠的整個臉部都開始起了變化，不僅頭部的褐色毛髮顯得更加深沉，眼睛四周也出現了金色的紋路。莎莉說她也注意到這個現象。她還說巴尼有時候看起來會和平常不太一樣，尤其是在進食的時候。巴尼出生不久後，就感染了一種非常罕見的寄生蟲疾病，必須服藥治療，但後來又由於藥物副作用的關係，罹患了一種關節炎，因此走起路來不是很方便，而且還會有點疼痛。

當巴尼抬頭注視著我——更精確的說，應該是當牠鼻子對鼻子的盯著我——時，我看見牠的前世曾經是一隻大熊，被人用鎖鏈拴住，被迫跳舞供人觀賞。當時牠所在的地方很像是西藏和中國的邊界，那一帶的人看起來像是蒙古人。後來，我看到了莎莉。她在那一世是個小男孩，時常偷取食物，暗中丟給巴尼吃，結果被巴尼的主人——一個野蠻而殘忍的男人——逮到了，小男孩不僅被痛打一頓，還在那些前來看熊跳舞的群眾面前受到嘲笑。但今生的莎莉看起來卻一副心滿意足、無憂無慮的樣子。

我問她：這輩子有沒有曾經被人欺負的經驗？她才透露說，她的繼父生性殘暴，在她小時候時常嘲笑她，無情的打壓她的自尊。我向她描述我所看到的情景後，她說她覺得那隻熊的主人一定就是她的繼父，他在兩、三年前去世了。值得一提的是，莎莉說她買下巴尼後，繼父曾經向她顯靈，為了從前沒有善待她而道歉。

## 改寫前世劇本和順勢療法

我們後來決定要回到那一世去改寫劇本，因為巴尼「告訴」我：那個小男孩被打後，因為太過害怕，從此就再也不曾回去餵牠。也因此，小男孩心裡一直覺得自己辜負了巴尼。這時，莎莉也向我承認：她先前已經失去信心，認為自己永遠無法幫助巴尼解除痛苦，過著快樂的生活。為了牠好，她甚至曾經考慮過要讓牠接受安樂死。但她心裡總是有一個聲音告訴她，要爭取各種機會讓巴尼能夠活下來，千萬不要輕言放棄。

我覺得巴尼的健康情況可以用順勢療法改善，於是介紹莎莉去看我的一個朋友。她是位獸醫，不僅採用順勢療法，而且能接受前世療癒的觀念。當莎莉去見我這位獸醫朋友時，因為不想被當成是個怪人，所以並未將前世的事情告訴她，但她立刻就偵測到巴尼的大熊能量，並且為牠開立了一帖順勢療法的處方：熊奶。

我最後一次聽到的消息是：莎莉和巴尼都過得很好，巴尼也越來越健康。

## 找回失去的力量

### ——琵琶和大個子（貓）

我經常為那些住得太遠，無法親自前往拜訪的個案，做遠距溝通。我可以根據照片和毛髮樣本，和那些動物交談，而牠們傳達給我的訊息——尤其是當牠們的主人對這些訊息有很深的共鳴時——往往令我非常驚訝。

以下是我為一位名叫琵琶的可愛女士，和她那隻喚做「大個子」的貓做的溝通。琵琶就像許多人一樣，很想知道她應當從她和大個子之間的連結中學到什麼功課，也想知道她是否已經滿足了大個子的所有需求。事實上，有許多主人都想知道自己的寵物有沒有安全感，或者有沒有任何痛苦需要療癒。當他們不得不讓寵物接受安樂死的時候，他們往往也想知道自己究竟做得對不對、寵物是否會責怪他們。

下面這個案例的貓不僅很有個性，而且也有很多話，想透過我傳達給牠的主人。

## 遠距溝通

親愛的琵琶：

你幫你的貓取名為大個子，這點很有意思，因為牠還真的是一位大人物，而且具有很強大的能量。當我看著牠的照片和眼睛時，腦海裡出現了一隻巨大的黑豹，以及你們某一世許多的相關訊息。

當時你是衣索比亞王室一個地位崇高的大人物，大個子則是你豢養作為保鏢的一隻黑豹。感覺上，大個子在今生仍然扮演同樣的角色，只不過方式沒那麼明顯，地位也沒那麼重要罷了。不過，我最初看到這些訊息時，心裡有點迷惑，因為在我的認知當中，非洲並沒有黑豹。但後來我查了一下資料，發現衣索比亞是非洲唯一可以看到黑豹的國家，所以我真不應該懷疑牠的！

黑豹的靈魂有一股非常重要的能量，可以穿梭於光明與黑暗兩個世界之間，把許多負面的能量轉化為正面的能量。這似乎是牠們的靈魂所肩負的任務，但這樣的任務也可以透過具有靈性智慧的肉身來完成。我在端詳大個子的照片時，看到牠的身形不斷從黑豹變為家貓，又從家貓變為黑豹，還真是挺讓人困擾的！

我感覺你在那一世過著朝不保夕的生活。這是因為當時有各個部落互相爭奪王位和江山，還有異族入侵，其中包括覬覦衣索比亞黃金的埃及人。當時，黃金被視為是眾神賜予人類的神祕物質，不僅值錢，也具有療效，因此備受重視。在那一世，大個子是個保護者。人們相信牠具有神祕的力量，事實上也的確如此。甚至到了今生，牠仍然具有神祕的靈性力量。

我感覺牠在今生扮演的角色，是要幫助曾是衣索比亞大人物的你適應你在今生注定要過的低調生活，讓你在平凡中也能感受到自己的力量。你在前世擁有很多的權勢和財富，但卻往往透過高壓統治的方式使臣民就範，你不是一個仁慈、賢明的君王。因此，你今生的功課便是要學習：如何欣賞並肯定自己真實的價值，並發掘自己內在的力量，而非依恃你世襲的地位。你必須學習做一個有價值的人，找回自己的力量。大個子的任務就是要協助你學習自我覺察，喚醒你的靈性。所以你們在今生還是扮演了很重要的角色，只不過這些角色不像在前世那麼顯著罷了。

我感覺大個子離開得正是時候。牠相信你已經學到很多，對自己的力量和才能也有了更多的瞭解，因此就算牠的身體不在你身邊，你也可以在靈性的道路上繼續前進。你對保育計畫和貓科動物有興趣嗎？我感覺這是大個子希望你參與的事務，而且牠可能在二〇一二年再度轉世為一隻貓科動物，幫助世人療癒並喚醒他們的覺知。我最近一直和南非的白獅溝通。牠們正試圖讓非洲——人類的發源地——重新得到療癒。大個子告訴我，牠將轉世為一隻偶像級的貓科動物，並吸引你前去與牠合作。到時，你只要看著牠的眼睛，就會認出牠的。你們共事時，牠將會再度為你的事業開創新局。

你們彼此之間有很深的連結，而且你們的任務非常重要。大個子在你的生命中扮演著一個不可或缺的角色。我很想聽聽看你的感覺，包括牠如何影響你？遇見牠之後，你的生命有了什麼樣的改變？現在，牠正在靈界指引著你。請你相信牠一直都在你的身邊。一旦時機成熟，當你準備好像牠所說的那樣重新出發時，牠就會回來。希望這些話能夠引起你的共鳴。

後來，琵琶告訴我她確實喜歡貓科動物，也很希望將來能找到一種方式，讓她可以和牠們合作。

# CHAPTER 3

# 寵物如何療癒我們？

我們的靈魂記憶是由我們的思想和看法組成的，其中包括我們如何看待過去的事件，又如何看待這些事件對身體和情緒造成的影響。我們前世所發生的種種事件——包括創傷在內——都儲存在身體的細胞內，如果我們能以不同的觀點，來看待某個事件對我們的影響，就可以弭平它所造成的創傷。

動物們都有足夠的智慧可以瞭解這一點。在我開設的一個動物溝通與療癒工作坊中，有一隻名叫「莫里亞堤」的俊俏狗兒，在這方面提供了一些很特別的協助。以下是牠的主人凱瑟琳親筆撰寫的故事。其中談到她和莫里亞堤相處時的感受和焦慮，也提到我們大夥兒在工作坊中幫助她改變想法、清理過往後，她的感受和焦慮情緒的改變。

# 療癒兩世溺死的創傷

## ——凱瑟琳和莫里亞堤（狗）

莫里亞堤大到可以離開母親的年紀之後，就來到我們家，現在已經有三年了。隨著牠一天天長大，我們之間的感情也越來越深厚，甚至到了難捨難分的程度，以至於我經常活在恐懼中，擔心牠會死掉，留下我一個人孤孤單單的活在這世界上。我甚至打算等到牠五歲的時候，再領養一隻狗，名義上是為了要陪牠，但其實是怕自己在面對牠終有一天要死去時，會太悲傷。如果還有一隻狗陪伴我，也許就不會那麼難受。

### 眼睜睜看著主人溺斃的德國狼犬

莫里亞堤是一隻很棒的狗，非常聰明。牠是邊境牧羊犬和澳洲牧羊犬的混種，很喜歡加入我們的靜坐小組，跟我們一起上課（只要老師們許可的話）。牠目前固定參加瑪德蓮的動物溝通工作坊，很喜歡跟那些新來的學生「說話」，對他們非常友善。有一天，靜坐小組的成員在教室裡和牠溝通了一個上午，然後請我進去核對牠提供的一些資訊，並討論我和牠在前世的共同經歷。我得承認，我雖然已經知道我們倆前世曾經在一起，但他們告訴我的事情還是大大出乎意料。

當時，我坐在沙發上，莫里亞堤也走到我身邊坐了下來。等牠坐好後，我把一隻手放在牠的肩膀上。這時瑪德蓮等人開始向我描述我們在前世的一個場景。當時，我和莫里亞堤住在類似巴伐利亞地區的村莊裡。莫里亞堤是隻德國狼犬，我則是一名男子。我在過橋時不小心掉進河裡，但莫里亞堤卻無計可施。牠等了又等，卻從此再也沒有看到我。牠只記得牠看到我從水裡伸出了一隻手，對牠呼救，但牠卻搆不到我，後來我就溺斃了。

這時，我突然想起莫里亞堤在這一世總是緊緊抓著我的袖子不放，到水邊時總是非常謹慎——即使只是一個小水坑，牠也會先看看我們，確定情況很安全，確定牠萬一出事時，我們會把牠救上來之後，牠才會下水。

在描述了我們前世的情景後，瑪德蓮引導我們回到那一世去改變結局。我開始觀想自己設法游到岸邊，之後莫里亞堤咬住我的袖子，把我拉上岸。然後我們倆都爬上河堤，回到家中。我把牠的身體擦乾，和牠一起坐在爐火前取暖。我在述說這個場景時，莫里亞堤大聲吁了一口氣，我也有一種如釋重負的感覺。

## 人和狗一起淹死的另一世

但事情尚未結束。瑪德蓮深信，我們在另一世還有一個問題需要解決。這一世的年代更久遠。當時我是阿拉斯加的因努伊特人（Inuit），是一個意志剛強的年輕人，手下養了幾隻雪橇犬，其中領頭的便是莫里亞堤。牠是一隻哈士奇狗，和我非常親近，也很受我倚重。有一次，我接獲警告說大風雪即將來襲，最好不要出門，而且湖面已經開始融冰，應該繞路而行。由於我對自己和手下的狗兒們很有信心，我仍然堅持要出門，好讓湖對岸某個部落裡的一個女孩對我另眼相看。等我到了那個部落，讓那個女孩見識到我的本事後，我發現天色已經非常昏暗，而且暴風雪來得比預期快。

但是，我仍相信可以率領狗兒們，在暴風雪來臨前平安返抵家門。於是我坐上雪橇，催促狗兒們加速前進。抵達湖邊時，我發現湖面的冰層已經開始龜裂了。我轉頭一看，只見大雪紛飛，於是當下便驅策狗兒拉著雪橇穿越湖面，因為這是回家最快的一條路。然而這樣的行徑太過愚昧自負。我明知會有風險，但依然試圖闖過去，結果下場非常悽慘。走到湖中央時，湖面的冰層裂開了，我們連人帶狗全部掉進湖裡，無一倖存。領頭的莫里亞堤以為這是牠的錯，一直到今生仍然為此自責。

瑪德蓮用先前的做法，請我為這一世的創傷事件想出一個好的結局，改寫我和莫里亞堤的記憶，消除我們心中的罪惡感。最初，我實在想不出來，因為當時的情景依然十分鮮明的留在我的腦海裡。無論我如何努力，仍然無法改變在湖邊發生的那一幕。我不斷想到自己做出的致命決定，想到那場又猛又急的風雪，以及當時那種絕望的感受。我把我的困難告訴了靜坐小組的成員，他們便給我一些建議，幫忙我想了一些可能會發生的狀況。最後我終於想出了合適的情景。

這一回，我在湖邊停住，眼見漫天風雪，能見度越來越低，狗兒們也已經氣喘吁吁時，突然聽見另外一個狗隊到來的聲音，這才大大的鬆了一口氣。原來我的父親——他是村中的長老——擔心我會出事，就率領他的狗隊駕著雪橇繞湖而行，前來與我會合。我們把兩支隊伍合而為一，由他的狗兒帶隊一路疾行。

莫里亞堤

有了其他的狗兒相助，我和莫里亞堤不再需要負擔如此沉重的責任，最後終於在風雪來襲前，平安返抵家門。觀想了這個情節之後，我心中的鬱悶全消，有一種如釋重負的感覺，一直趴在我身邊的莫里亞堤也再度大聲的吁了一口氣。

同時，我也意識到在那一世扮演我父親的長者，正是我今生的指導靈，祂的名字叫「與能同在」。想到自己居然有幸目睹這位導師在我的前世以人身現形，不禁激動得不能自已。

經過這個療癒之後，我對莫里亞堤的感覺，以及我和牠之間的關係有了很大的轉變。我不再毫無來由的擔心牠會死去，丟下我一個人。牠也不再一天到晚黏著我不放。我們之間的關係變得正常多了，雖然依舊相親相愛，但已經不再有那種令人癱瘓的恐懼，感覺上就像是母親放手讓孩子成長一樣。

謝謝你，瑪德蓮，也謝謝所有參與動物溝通工作坊的同學。那真是一個珍貴無比的經驗。

溝通工作坊結束後，大家都看得出來凱瑟琳和莫里亞堤變得比較開朗，心情也輕鬆許多。在溝通時，每一位成員也都清楚的看到了他們前世那些悲慘的畫面，這一切顯然是由莫里亞堤在主導。牠想要消除他們之間內疚和焦慮的情緒，才能放鬆心情，一起過著開開心心、多采多姿的生活。我先前和他們一起在水邊散步時，曾經目睹莫里亞堤小心翼翼的樣子，但卻沒有意識到凱瑟琳是多麼擔心牠會出事。事實上，我們難免會害怕自己的寵物死亡到來的那一天，但這樣的恐懼已經影響到凱瑟琳和莫里亞堤之間的關係。一旦我們明白了前世的事，就可以理解為什麼會這樣了。

## 靈魂的出生前契約

### ——伊莉莎白和克羅奇（兔）、櫻桃（狗）、史努比（貓）

以下是我為一位名叫伊莉莎白的女士做的溝通。她的女兒凱特琳自殺了，她受到很大的打擊。悲劇發生時，只有一隻名叫「克羅奇」的小兔子在場。伊莉莎白想瞭解她的女兒為什麼會走上絕路，也想明白她的另外兩隻寵物——已經過世的狗兒「櫻桃」和貓咪「史努比」——在她們母女的生命中所扮演的角色。伊莉莎白在前一次婚姻中曾經飽受凌虐，同時也一直認為自己沒有好好照顧她的孩子和寵物，並因此有很深的罪惡感。

但事實上，我們往往可以從動物們傳達的訊息中發現：每一件事情都有它存在的意義，無論這件事從表面上看來是多麼令人痛苦。

親愛的伊莉莎白：

我要在這裡轉達你的寵物要告訴你的訊息。我強烈的感應到牠們對你的愛。牠們表現愛的方式非常激動，但也很感人。克羅奇是一隻可愛的小東西，牠總是努力嘗試減輕凱特琳的痛苦。牠向我提到有關羞愧和壓力。凱特琳之前發生過一件讓她引以為恥的事情，但她怕你生氣，一直不敢告訴你。她不明白，就算她真的做錯了事，以你對她的愛，也一定會諒解和寬恕她。克羅奇扮演的角色就是要支持凱特琳，為她打氣，並在她死時「照顧」她——這是一個非常特別的任務。

## 靈魂的使命

我感覺有某件事情觸動了凱特琳一直深藏在內心的不堪回憶，使她突然崩潰，自覺再也無法忍受這種自欺欺人的日子。她試著告訴自己她是一個好人——事實上她也的確是——但她在內心裡卻一直厭惡、不滿意自己。我感覺她在童年時期受到了壓力，一直覺得自己不夠好，沒有什麼成就。我相信這不是你造成的。或許是別人對她很嚴苛，或許是受到了同儕的壓力，只是她無法告訴你。總而言之，她覺得自己很失敗，無法原諒自己犯的錯，而且無論你或其他人對她說些什麼、無論如何稱讚她，她只要聽到一點點負面的批評，就會放在心裡。

在你寄來的照片中，凱特琳戴著一對面具形狀的耳環，這點很值得深究。我感覺她一直把自己的情緒掩藏得很好，不想讓你知道，所以你根本不知道她究竟發生了什麼事。我感覺克羅奇是她唯一的知己。只有牠瞭解凱特琳的心情。凱特琳其實已經很有成就，但從前的經驗讓她覺得無論有什麼成就，她永遠都不夠好。

克羅奇帶給凱特琳很多的快樂，牠代表著純真的心靈和純粹、無條件的愛。在凱特琳的心目中，只有動物能給予這樣的愛，因為牠們不會批判你，對你也沒有要求。我知道你也很想給她這樣的愛，但她總是很怕會讓你失望。克羅奇說凱特琳選擇經歷如此辛苦的一生，是為了想要充分理解孩子——尤其是那些自殺的孩子——的心理，讓他們知道自己其實擁有許多的愛。她用這樣的方式來完成靈魂的使命。現在凱特琳的靈魂已經自由了，而且她也能從更宏觀的角度，明白每件事情發生的意義，例如，為什麼你會和湯姆（伊莉莎白的前夫）在一起？你要向他學習什麼功課？我們在選擇自己的父母時，根據的是他們會在這一生教導我們什麼事情，讓靈魂能夠繼續進化。

在靈界重逢

我感覺你死去的狗兒櫻桃現在正和凱特琳在一起，幫助她指引那些受傷的年輕靈魂。我從櫻桃身上感受到許多愛和慈悲。我感覺牠是你在人間的守護天使（這是牠為什麼選擇你的緣故），而且牠今後仍會在靈界繼續守護你。牠替凱特琳傳達對你的愛。凱特琳知道你聽到我剛才所說的事情後，會有多麼難受、多麼痛苦，但她希望你明白她的新任務很重要，並覺得好過一些。

史努比——為了安慰那些孩子的靈魂，牠時常舔他們的臉——也是你的小天使，在你的人生很不如意，工作很辛苦，湯姆又對你很不好的時候，來到你身邊陪伴你。當你回首過往的種種時，或許會感到苦澀甚至於憤怒，但請記住：你必須經歷婚姻的磨難，並體驗你和湯姆的關係，你的靈魂才能進化。我想你們之間應該是有前世未了的因緣，才會在今生再度相遇，讓凱特琳和她的弟弟史帝夫誕生。

史努比和櫻桃來到你的身邊，是為了要幫助你和孩子們度過艱困的時期，為你們的生活帶來歡笑。櫻桃是一個老靈魂。我確信她前世曾和你在一起，來生也會再次與你相遇。我的腦海浮現出一隻毛茸茸的灰貓。我不知道你在今生或前世是不是曾經看過牠，但牠有可能是櫻桃或史努比轉世後的模樣（當牠們已經做好準備時）。史努比說牠之前一直試著舔你，幫你化解你在生活中承受的壓力，清除那些讓你感到精疲力竭的負面能量。

至於櫻桃，我感覺牠的確是因為腦部的某個部位栓塞而死。當時牠很痛苦，但就像你說的一樣，那種痛苦很快就過去了。對牠來說，這是最好的一種方式，不必受太多的痛苦。櫻桃離你而去，一定讓你非常難受，但牠希望你明白牠現在過得很好。有空時，牠會玩追球的遊戲，並且對你猛搖尾巴！

我很希望以上這些話能讓伊莉莎白——這個為了女兒而傷透心的可憐媽媽——感覺好過一些。在這個案例中，動物們再度讓我們瞭解：無論我們的靈魂必須經歷多麼艱苦的旅程，牠們都會堅定的支持我們，為我們加油打氣。羅伯特·史華哲（Robert Schwartz）曾在他的著作《你的靈魂計畫》（*Your Soul's Plan*）中說明「出生前契約」（pre-birth contracts）的概念。我在明白這個概念後，不僅自己得到了很大的安慰，也更能幫助他人解除疑惑。

# 互相療癒的人狗關係
## ——維多莉亞和弗萊迪（狗）、魯佛斯（狗）和波莉（狗）

下面這個案例顯示：我們和寵物在不同的時空中如何緊密相連，而寵物又是多麼希望我們能夠重新找回自己的力量，發揮自己最大的潛能。

有一次，在一個名叫維多莉亞的個案即將來到我家做回溯療癒之前，我趕緊把握時間，帶我的狗——「溫妮」和「提柔」，到附近的林子裡散步。不過，感覺上一路都是牠們在帶路。快要散完步時，我突然發現前面的地上有兩根非常完美的白色羽毛，彼此相連，看起來有如一對翅膀，那天天氣非常寒冷，這對白色羽毛就在陽光下閃閃發亮，美得令人驚訝。我往前走了幾步之後，又看到另外一對由羽毛組成的「天使之翼」。於是，我決定把它們撿起來，帶回家中，放在我治療室的小聖壇上。

維多莉亞抵達之後告訴我，她覺得我們在討論她和她的狗兒「魯佛斯」和「波莉」的問題時，讓牠們留在車上比較好。

後來，有一個聲音要我告訴她有關那些羽毛的事情。接著，那個聲音又「指示」我要用水晶缽為她做一下聲音療癒，幫她清除負面能量。當我坐在地板上，準備敲擊我的水晶缽時，突然感覺有一雙大手放在我的肩膀上，彷彿要指導我如何敲缽一般。我感覺那是大天使麥可的手。他帶著他的真理之劍，要為維多莉亞斬斷她與前世的連結，因為這樣的連結讓她無法繼續前進，重新找回自己的力量。

大天使麥可讓我看見維多莉亞的前世。當時的她很有權勢，勇猛好鬥，像是一位女戰神。她轉世成現在的樣子，是為了要學習謙卑與溫柔。不幸的是，她在歷經滄桑之後，卻放棄了自己所有的力量。然

弗萊迪

而，她性情和善，有著一顆純潔的心。因此，我們的動物指導靈——尤其是她那隻已經往生的狗「弗萊迪」——都希望她能在這一生找回自己的力量，再以溫和的方式加以運用。在經過水晶缽的療癒後，維多莉亞似乎已經可以嘗試擺脫一切束縛，成為一個美麗的「光的存有」（light being）。

在療程末尾，我的狗兒溫妮為維多莉亞做最後一次療癒時，我問牠在做什麼，牠說牠正在告訴維多莉亞：一切的事情，弗萊迪自有安排，而且牠一直都陪在她身邊。當時溫妮正躺在維多莉亞的懷裡，而且牠的姿勢就像弗萊迪生前那樣。溫妮平日並不會這麼做，但牠似乎總是知道自己該做什麼，才能幫助人們得到療癒。這使我再次對寵物的能力感到讚歎不已——牠們知道如何療癒我們。這也提醒我要好好珍愛我自己的寵物。牠們不僅給我許多協助和指引，也幫助了許多前來我這裡尋求療癒的人。牠們真是我的好「夥伴」。

## 療癒狗的緊張和背痛

以下是維多莉亞對於這次療程的描述：

我的狗魯佛斯，跟馬和車子這兩樣東西似乎有過節，一碰到它們就會撲過去狂吠。此外，牠也不喜歡別人摸牠，所以我根本沒辦法替牠拴上狗鍊。後來我才知道牠有一世曾經是一隻飢餓的狼。牠是狼爸爸，我是狼媽媽，我們生了幾隻小狼。有一次，魯佛斯為了讓我們有食物可吃，便對一群馬發動攻擊，結果被一匹種馬弄斷了背脊。因此，我和瑪德蓮決定改寫前世的劇本，讓牠咬死了一匹比較瘦弱的小馬，成功取得獵物。劇本更動後，我感受到魯佛斯的情緒，變得自信、安穩、很有成就感。

接下來，需要療癒的是魯佛斯背部的毛病。儘管瑪德蓮願意幫牠治療，但牠還是希望由我來動手，因為牠希望我能向自己證明我可以辦到。於是，我便開始在腦海裡觀想牠的背脊，從上到下逐一加以檢查，最後發現了一處海綿狀的區域。瑪德蓮證實這正是牠當年受傷的部位，而且牠現在仍然會因此而感到不適。接著，她引導我，觀想我的食指和中指發出具有療效的雷射光，照射著那個區域，結果那個地方很快就變得像其他正常的部位一樣堅硬。這時，魯佛斯表示牠已經被治癒，而且牠背上那些原本豎起來的毛髮也放鬆的垂下來了。

## 療癒狗和人都經歷的婦科創傷

接著，波莉開始述說牠今生因為卵巢切除造成的創傷。事實上，我剛收養牠，並請瑪德蓮幫牠溝通時，牠就曾經提過這件事。當時牠已經大腹便便，卻被送進愛爾蘭的一家動物收容所，在那裡生下了一窩死產的小狗。不久，牠的卵巢就被割掉了。之後，牠病了大約一個月，心情非常沮喪。就在這時，我收養了牠。在經過瑪德蓮的治療後，波莉的創傷大致已經痊癒。不過，由於當時牠所受到的待遇實在太殘酷，這兩年來牠的身體仍然會覺得不舒服。除此之外，波莉也想藉此讓我看見我自己的問題——我也曾經結紮，但現在卻感到懊悔。這不是因為我改變了主意，想要生小孩，而是我覺得這樣做等於是傷害身體，讓自己變得殘缺不全。還有，我曾經被人強暴。

為了療癒波莉，我開始觀想牠身體內部的情況，結果發現牠的腹部左側有一塊黑色的陰影。於是我再次用食指和中指發出雷射光束，照著那塊陰影，使它逐漸淡去，一直到我覺得波莉已經痊癒為止。接著，波莉要我用同樣的方式來治療我自己。於是我開始觀想自己的身體內部，結果發現我的體內也有一塊黑色的陰影，位置恰好和波莉相同。我把那雷射光療法用在自己身上後，感覺自己也得到了療癒。現在我覺得又能夠談戀愛了，這讓我非常開心。

魯佛斯和波莉都希望我能夠得到療癒。牠們也證實了我的指導靈所告訴我的事——我確實有能力聽見牠們的心聲，並且療癒牠們，也療癒我自己。

## 去世的狗回來療癒主人

瑪德蓮的狗溫妮躺在我的懷裡，讓我覺得非常安慰，對我來說也很有療癒效果，因為我的狗弗萊迪——牠是我的靈魂伴侶——過去也是這樣躺在我的懷裡。溫妮告訴瑪德蓮：我需要檢查一下我的心臟，於是我便照辦，結果在那裡也發現了一些黑影。我再次用雷射光照射這些黑影，讓它們變得又亮又淡。溫妮說牠很高興我那天做了所有該做的事。

這次治療的過程令人不可思議，但後來還有更進一步的發展——維多莉亞的狗弗萊迪不久再次顯靈。我們會發現以上這個故事充分的闡釋了我下一章要談的主題。

Your Pets' Past Lives & How They Can Heal You

# CHAPTER 4

# 清除我們和寵物共同經歷的前世創傷

Your Pets' Past Lives & How They Can Heal You

我們和寵物之間的關係是非常特別的。一旦我們明白彼此連結的原因，很多事情就變得很清楚明朗。我們失去摯愛時，雖然傷痛難以撫平，但如果能明白牠們死亡背後的深刻含義，我們就不會太過痛苦悲傷。弗萊迪死後，維多莉亞非常悲痛，即使過了許多年，她的痛苦仍然未曾稍減。

## 靈界的靈魂伴侶
### ——維多莉亞和弗萊迪（狗）

我們會發現：維多莉亞承受這些痛苦，是為了讓她能夠瞭解其中的意義，然後開始去療癒自己、解決問題。俗話說，時間是癒合創傷的良藥。當我們為寵物的死亡而哀傷時，要試著去回想牠們所帶來的幸福、歡樂和無條件的愛，因為這些都是牠們最深摯的願望，也是寵物來到我們身邊、和我們共同生活、豐富我們的生命的原因。同樣的，我們在前世必然也曾讓牠們的生命豐富過。

## 前世留下的問題

這是維多莉亞的自述：

我來瑪德蓮這裡接受治療，是因為我有一些源自前世的問題——我受不了臉或手被水沾濕的感覺，也沒有辦法觸摸動物的屍體。除此之外，我自從七年前得了流行性感冒之後，就一直為失眠所苦。三年前，我的狗「弗萊迪」——牠是我的靈魂伴侶——過世了，我一直到現在都很難過，難以承受失去牠的痛苦。還有，我的雙腳和左側的肩膀都很痠痛。

瑪德蓮帶著我逐一檢視脈輪，看看其中是否留存著前世的記憶。檢視我的臍輪時，我感覺非常緊張，腦海裡浮現了一堆山毛櫸的枯葉。瑪德蓮看到我有一世是中世紀的一個白女巫（white witch）兼藥師，名叫蕾貝佳，心思純潔，人品高尚。有一次，她幫一條走失的狗治病，但那狗後來被村子裡的一個人毒死了，因為他想用這當藉口，除掉他心目中的女巫。那隻狗死去後，村裡的人便罵她「臭女巫」、「多管閒事」，要把她抓起來。

蕾貝佳只好跑到樹林裡躲起來。她赤著腳跑呀跑的，腳跟都磨破皮並且瘀青了，肩膀也因為被樹枝鉤到而扭傷，最後她終於精疲力盡，不支倒地。為了怕被追捕她的人發現，她用地上的山毛櫸落葉覆蓋住自己，努力保持清醒，伺機脫逃，但後來她還是睡著了，並且被那些追捕的人找到。他們把她抓起來，將她的雙手綁住，揪住她頭髮，把她拖到溪邊，然後一邊大聲叫喊、咒罵，一邊將她推進溪裡，並且把那隻死狗丟到她身上。這時，我突然發現那隻死掉的狗——牠是一隻雜種狗——正是今生的弗萊迪。當他們把蕾貝佳的頭按入溪水時，弗萊迪的屍體碰到了她的肩膀。最後，蕾貝佳終於溺斃。

這一幕說明了許多事情。但我們感應到現在還不是修改前世劇本的時機，而我也覺得應該等到我們走到心輪的時候再說。於是我先觀想一道白光把那些枯葉變成一片鬆軟的綠草，充滿了來自大地的療癒能量，不僅保護了我那雙痠痛、破皮的腳，也使得雙腳感覺舒服很多，而且我的肩膀也不痛了。檢查我的臍輪時，發現那裡發出非常明亮的芥末色黃光，明亮得讓我感覺自己無所遁形，很沒有安全感——就像蕾貝佳在樹林裡逃命時的感覺。於是我觀想自己用一道白光把那太過明亮的光轉化成比較柔和、讓人比較有安全感的黃光。走到我的心輪時，我只看見一個質地非常緊密的黑色團塊，心裡有一種害怕、失落、空虛和絕望的感覺。

## 改寫前世劇本

後來，我和瑪德蓮開始改寫前世的劇本。這一次我觀想蕾貝佳在為弗萊迪治病時，為了讓牠早些康復，給牠吃了一種藥，使牠睡得很深沉，看起來就像死了一樣。當蕾貝佳跑進樹林裡躲藏時，弗萊迪就醒了過來，病也好了。幾天後，村裡的人開始到處尋找蕾貝佳，要告訴她事情已經解決了。這時，那個一直想找藉口把他心目中的女巫趕出村子的人，看出蕾貝佳事實上是個好人。當他們找到蕾貝佳後，這個人為了贖罪，將她揹回村子裡，又用藥膏幫她擦腳，把她扶到床上，躺在弗萊迪的旁邊。後來，蕾貝佳進入了熟睡的狀態，身體得到充分的休息，醒來後感覺很安心，而且被當成了村裡重要的人物。這時，我看見我的心輪中央變成粉紅色，外圍則是翠綠色的。

現在，每當我想起弗萊迪時，就會帶著微笑回想我們在一起的歡樂時光，不再因為牠已經死去而傷心。因此，我已經比較能夠適應沒有弗萊迪的日子了。從前，我總覺得很納悶，為什麼我一方面會因為弗萊迪已經不在人世而悲痛欲絕，但另一方面又確信牠仍然與我同在，我還是可以和牠連結、與牠相愛，並憑著直覺和牠溝通。透過這次回溯的經驗，我終於找到了答案：因為牠是我的靈魂伴侶。到現在我還是很懷念牠在世時的模樣，但我已經不再為此痛苦絕望。現在，我和牠之間保持著一種恰到好處的親密。那種愛是正向的，有一種令人安心的力量。如今，我腳部的毛病已經改善，肩膀也不再疼痛。同時，我已經可以忍受雙手和臉上被水沾濕的感覺了。至於失眠的問題，我仍在努力克服中，相信未來一定會逐漸改善。

我很高興維多莉亞的情況已經有所改善，也很高興她有勇氣去面對如此巨大的創傷。當我們改寫前世的結局，改變她在村人眼中的形象時，她的臉上出現了如釋重負的神情，似乎因此而恢復了自尊心和自信心。就在那個當下，她似乎連身材都變高了。這一切都要感謝弗萊迪。

老狗不死

「你我之間有個祕密，
他人將無從知曉。
唯有我能夜夜看見你躺在爐火前，
毛皮光亮，閃閃生輝。
唯有我能在就寢前伸出手，

摸到你頭上那柔滑如絲的毛髮，
感受到你鮮活的體溫。
唯有我走在林中小徑時，
能看見前方，
你與風競逐的小小身影，
一如過去般年輕而自由。
唯有我在經過每一條溪流時，
能看見你在其中泅泳。
當我呼喚你時，
也唯我能看見綠草被踩過的痕跡。」

以下這個案例是我第一次嘗試改寫前世劇本的經過。我很感謝潔絲教我如何藉著動物的幫助，完成這些不可思議的療癒工作。我後來在許多療程中都使用這種新的方法。

# 人和馬一起轉世的情緣

## ——珍妮和潔絲（馬）、提格（馬）、維也納（馬）

「馬對人的瞭解，已經勝於人對馬的認識。」

——D．班尼特（D. Bennet）

「我的馬超會吃醋！」珍妮在電話中抱怨。她打電話來，是因為新買的馬「潔絲」，只要看到她和另外名叫「提格」和「維也納」的兩匹馬在一起時就會抓狂，尤其是同為母馬的維也納。如果珍妮太過關心維也納——哪怕只是幫牠刷洗身體——潔絲就會生氣，兩隻耳朵往後豎，開始對著馬廄的門又踢又撞。珍妮擔心潔絲會因此傷害到自己，況且那個馬廄並不是她的，所以她也擔心如果潔絲繼續這樣下去，馬廄的主人就不會讓她的馬兒們再待下去了。

珍妮告訴我，由於維也納和提格都已經不適合供人騎乘，她事實上已經把大多數時間都用來指導並訓練潔絲了，但潔絲似乎還是不滿意。哪怕珍妮只是走進維也納的馬廄，潔絲也會衝過去，隔著馬廄的門企圖要咬牠。不過，當牠們在外面時，牠就會對維也納俯首聽命。其他使用那個馬廄的人也告訴珍妮：她不在的時候潔絲和維也納相處得很融洽。

## 愛吃醋的母馬

這個案例聽起來很有意思，因此我很期待見到潔絲，聽聽牠怎麼說。我抵達馬場時，維也納從牠的馬房門上，探出了牠那可愛的、栗色的頭，想看看是誰來了（我曾經見過牠一次，所以認得牠。那次是珍妮要我過去問牠還想不想供人騎坐）；提格則忙著咯吱咯吱的嚼著牠的乾草，但潔絲卻立刻睜大眼睛，衝到門口，急著想知道我是誰、到這裡來做什麼。

潔絲是一匹很漂亮的雜色馬，看起來很有潛力在各種馬術項目上嶄露頭角。珍妮告訴我，潔絲被騎乘的時候，表現得很好，通常都很守規矩；但每次出去外面練習時，總是顯得很不安，尤其在狹窄、受限的空間裡，更是顯得焦慮。我感覺珍妮提供的這個資訊很有意義，但剛開始時我還是用我的意識慢慢探究潔絲的想法，希望能更瞭解牠為什麼會有這些情緒。但牠只是激動的在馬廄內轉來轉去，似乎很挫折，不願意和我溝通，於是我只好耐心的安撫牠，告訴牠我是來幫忙，不會傷害牠，而且會盡我最大的力量來幫牠解決問題。

最後，潔絲終於告訴我：牠一直盡力表現，試圖讓珍妮滿意（珍妮也證實了這點），但讓牠氣憤的是，牠待在上一個主人那裡時，儘管牠已經表現得很好，後來還是被賣掉了，其他的馬兒卻被留下來。所以，當我出現的時候，牠還以為我可能是要來帶走牠，而已經無法供人騎乘的維也納和提格卻又被留下。可憐的牠既憤怒又挫折，不知道自己還能做些什麼才會受到重視、被人瞭解。後來，牠終於開始向我顯示牠、珍妮、提格和維也納在前世所共同經歷的創傷事件。感覺上，他們會在今生再度相遇都是宇宙的精心安排，目的是要讓他們能夠整理並療癒至今對他們仍然造成影響的創傷。

## 前世孤零零死去的小馬

在潔絲的幫助下，我的腦海浮現了一幅畫面，地點似乎是在北美洲。當時珍妮是一名男子，正騎著提格，並領著兩隻馱馬——牠們就是今生的維也納和潔絲——經過山區。潔絲走在最後面，被牠的主人用韁繩和維也納一前一後的綁在一起。當他們經過一座兩側都是岩壁、非常狹窄的山隘時，突然有一隻巨大的美洲獅跳到潔絲背上，對著牠咬了下去，咬斷了牠的脖子。於是，可憐的潔絲便倒在地上。維也納和提格受到驚嚇，沒命的往前飛奔。珍妮好不容易將牠們拉住後，回頭一看，發現潔絲已經奄奄一息，就算他們回去也救不了牠的性命，於是只好繼續前進，躲過美洲獅的可怕攻擊，希望至少能保住自己和另外兩匹馬的性命。於是，潔絲臨死之前，眼睜睜看著他們急急逃命，留下牠孤零零死去。

我記得，珍妮之前曾經向我提過一條狹窄的山路。她說那條山路旁邊有一面陡峭的山壁，上面長滿樹木。她每次騎馬經過那裡時，總覺得好像會有東西突然掉下來，就像有敵人埋伏在那裡一樣。因此，在轉述這幅畫面前，我先問珍妮：她平常騎馬走在那條山路上有什麼感覺？她說她知道這種想法很可笑，但她也不知道為什麼，就是覺得很害怕。不過，多虧潔絲的幫助，我現在終於可以告訴她原因了。當我向她描述潔絲慘死的模樣時，感覺心頭沉甸甸的，珍妮則說她感到很傷心、悲痛，而且很有罪惡感，因為她當時無法拯救潔絲的性命。接著我們又討論珍妮的生活中，有哪些地方讓她覺得自己是個失敗者，辜負了別人，也對不起自己。她說她這一生過得並不順利。我覺得她自認沒有價值，是因為她內心深處一直有一股罪惡感，彷彿仍在為那一世無法拯救潔絲而懲罰自己。

不過，眼前有一個大好的機會，可以為他們療癒那個創傷。我請珍妮回到那一世，想像她手裡拿著韁繩，騎在提格的背上，突然看到美洲獅從岩壁上躍下的情景。在潔絲的協助下，珍妮看見自己那一世的樣子，也看見那幾匹馬的顏色和品種。她說當時的她是一個年事已高、頭髮花白的探礦人，過著清苦的生活，一心想在附近的岩地發現金礦；而那一世的提格，看起來比較像是隻騾子，維也納和潔絲則是兩匹矮矮胖胖、傻頭傻腦的棗紅色小馬。在珍妮可以看見並描述她前世的長相和那幾匹馬的模樣後，就到了我們可以改寫前世劇本的時刻了。

在潔絲的協助下，我鼓勵珍妮設法改變當時的結局，讓潔絲不至於如此悲慘。於是這一回，珍妮在那隻美洲獅發動攻擊前，就射殺了牠，使他們一行人可以平安的離去。過程結束後，珍妮看起來如釋重負，潔絲也立刻顯得比較平靜。牠原本狂野的眼神，變得柔和了一些，之前如臨大敵的態度也完全不見了。我希望這樣的改變會逐漸進入珍妮的生活，同時也再度讚歎宇宙能以如此特別的方式，藉著動物們的協助，帶來這般美妙的療癒。

幾天後，我在附近一家酒吧和朋友吃飯時，正好碰到那個馬場的主人。她說潔絲改變了，變得非常平靜，不再悶悶不樂，也不會動不動就發脾氣，和維也納及珍妮都處得很好。珍妮很高興牠有了進步，也越來越能體會潔絲的改變對她的生命所造成的影響。

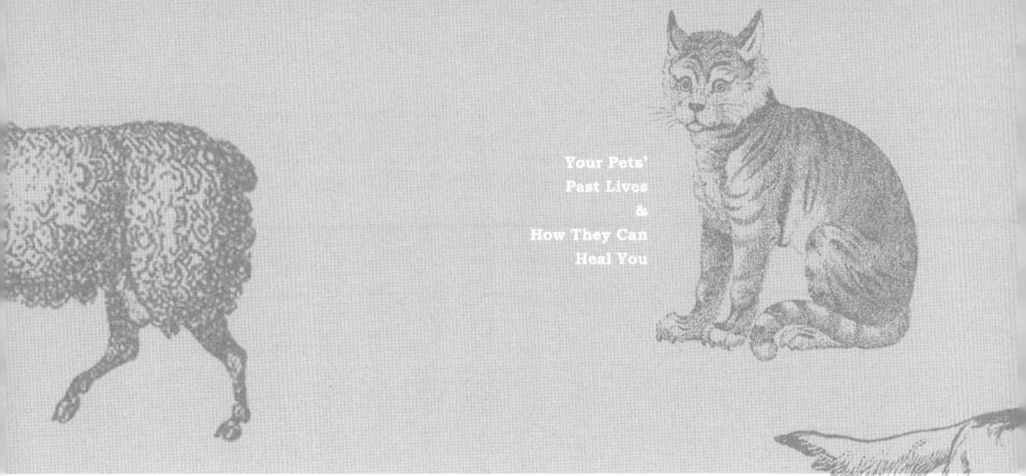


# CHAPTER 5

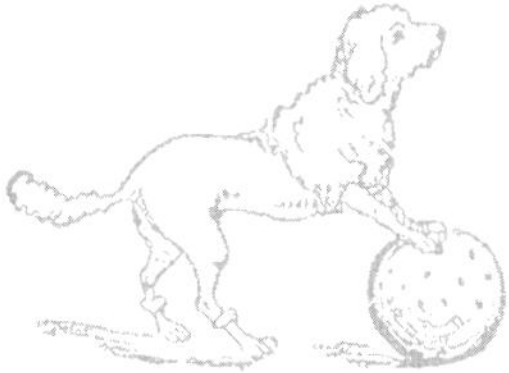

# 和轉世的寵物相遇時，要如何辨認？

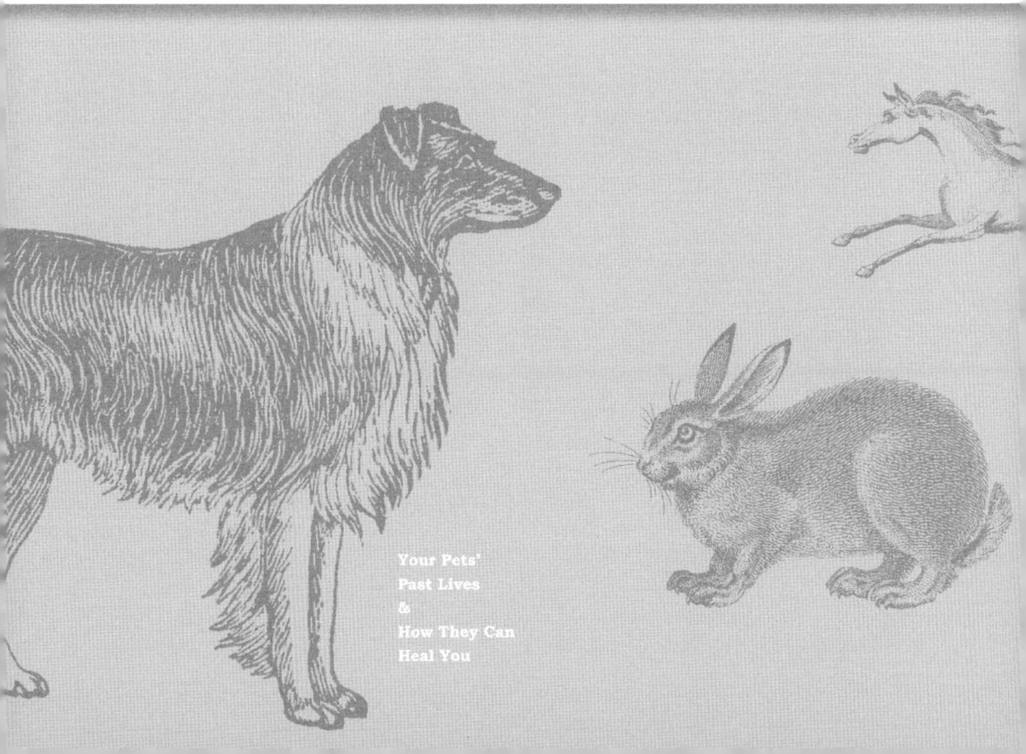

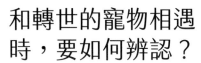

有很多人——包括我自己在內——都想知道：去世的寵物會不會回到他們身邊？他們往往會問我一些問題：要如何才知道自己選對還是選錯了寵物？如果真的選錯了又會如何？該如何認出他們從前的寵物？我想有必要再說一次：我們不可能選錯寵物，而且我們會選擇牠們也並非巧合，因為寵物是主動「找到」我們的，牠們很懂得如何安排彼此的下一步。寵物有時會向我顯示牠們來生的模樣，這樣固然很好，但問題是牠們並不一定會這麼做，因為牠們不希望影響主人在這方面的體驗。

不過，下面這個故事，你會看到一隻名叫布蘭迪的洛威拿犬很清楚的向我顯示，牠來生會以同樣的面貌回到世間。

## 重返世間或留在靈界
### ——席爾薇亞和布蘭迪（狗）、夏天（狗）

布蘭迪的主人席爾薇亞·達瓦洛斯，在過去九個月中，連續失去了三隻狗。第一隻是名叫「班恩」的聖伯納犬。由於牠的年紀、品種和大小的關係，牠的死亡是可以預期的。但後來，那隻年僅三歲、才剛生了一窩小狗的洛威拿犬「夏天」也突然過世了。接著，夏天生的一隻小狗布蘭迪，也在七個半月大的時候，因為罹患腹膜炎發現得太晚而喪命。

席爾薇亞很想知道，夏天的死是不是與之前所動的腸道手術有關。布蘭迪的死讓她很難承受，並且因而感到內疚。她想知道布蘭迪為什麼還這麼年輕就被帶走了，也想告訴牠，她很抱歉當初讓牠待在獸醫那裡，因為獸醫後來承認疏忽，沒有意識到牠病情的嚴重性。

席爾薇亞覺得布蘭迪是被牠的母親夏天帶走的，因為牠是夏天最喜愛的孩子，夏天總會花時間單獨陪牠玩耍。

## 出生前的契約

好一對相愛的母女！我感覺夏天和布蘭迪的連結很深，而且牠們事先已經說好不要在世間停留太久。我認為布蘭迪只想在世間待一陣子，體驗一下當狗的感覺，但牠並沒有真正在此落地生根。牠的母親和牠的主人席爾薇亞，給了布蘭迪許多的愛，而且夏天也在世間待到牠生下布蘭迪為止。這是牠們之前就已經說好的，也是牠們轉世來達成今生目標的方式。從宏觀的角度來看，這樣的情況很完美；但從人類的角度來看，這對你來說當然是很大的打擊。你會覺得牠們以這麼悽慘的方式提早結束生命，真是非常可惜的事。

你如果看過我寫的書，就會知道我那隻可愛的狗兒「枕頭」的事。牠年紀很小就死了，讓我傷心欲絕。但後來牠的靈魂向我解釋了其中的原因，並且派了「溫妮」前來。溫妮是我在流浪動物之家領養的一隻花斑狗，你可以在我的網站上看到牠的模樣。溫妮被動物之家發現時，恰好是枕頭遇害的時候（這是一個親眼目睹當時情景的友人告訴我們的），我相信這一切都是枕頭的安排——牠告訴我，牠發現擁有肉身太沉重了，牠只想成為一股純粹的能量。

我感覺布蘭迪將會重返人間，至於夏天，則不會這麼快就回來，因為牠要繼續留在靈界守護布蘭迪。如果你打算讓自己的狗再生幾隻小狗，那麼布蘭迪很可能會成為那窩小狗中的一隻。如果你不打算這麼做，那麼有一天你將會聽到某隻小狗要送人的消息，而且你只要看牠一眼，就會知道那隻小狗就是布蘭迪轉世的。我明白夏天和布蘭迪的死，對你是多大的打擊，更何況牠們都是年紀輕輕就走了。但請你放心，牠們現在都很好，而且正在計畫有關轉世的事情呢！

夏天雖然表示牠會繼續待在靈界，但如果哪天牠轉世回來變成布蘭迪的小孩，我也不會感到意外，因為我感覺牠們會有許多世輪流扮演孩子的角色。我相信你之前有幾世也曾經跟牠們在一起，或許你曾經是牠們的兄弟姊妹也說不定（難怪你這麼愛狗）！你的狗——無論是在世或已經往生的——都很愛你，所以你不用害怕。布蘭迪和夏天都會回來找你。我感覺牠們到時還是會轉世成為洛威拿犬，但無論事情如何發展，請你都要敞開心胸接納，說不定到時候結果會讓你非常驚訝呢！布蘭迪很想回到你身邊，來安慰你。

我感覺當初獸醫動手術時，由於時間急迫，在切開牠的腹膜後，沒有完全清理乾淨，而且後來傷口也感染了。布蘭迪雖然多少還可以對抗傷口感染，但由於開刀後身體非常虛弱，再加上腹腔沒有清理乾淨，所以後來牠的免疫系統就不行了。

然而，你們之間的愛永遠不會消逝。你們將各自以不同的面貌，繼續輪迴轉世，直到學會自己必須學習的功課為止。等到有一天，布蘭迪回到你身邊的時候，請你告訴我！

有好幾種順勢療法的處方，或許可以有效的幫助你面對悲傷。我指的不是遺忘悲傷，而是用更好的方式來處理，因為我非常明白那種失落的感覺多麼令人難以承受。或許你可以嘗試使用順勢療法的氯化鈉（Nat Mur）。

大約一年後，席爾薇亞跟我聯絡，告訴我她的近況。她說原先已經決定這一陣子不要再讓她的狗生小狗了，但不知道為什麼，當她知道另外一位繁殖洛威拿犬的人有一窩小狗即將誕生後，她便和他們聯絡。她對此有一種很好的預感，但想聽聽我的意見，看布蘭迪有沒有可能降生在這窩小狗中的一隻，回到她身邊來。

她說，布蘭迪的妹妹葛瑞琴，也像她一樣很想念布蘭迪。她問我：她能不能做些什麼事情讓布蘭迪回來？我感覺宇宙正藉著布蘭迪的協助，設法安排牠回到席爾薇亞身邊。我深信我們都應該傾聽自己內在的聲音，而且世上的事情沒有所謂的巧合。

我建議席爾薇亞不妨拿著一張布蘭迪的照片（或許再加上牠的項圈），安安靜靜的坐著，體會牠的眼神，記在腦海裡。如果她想在那一窩小狗中認出布蘭迪來，這是最好的一個方式。此外，我也建議她試著坐在布蘭迪最喜歡的一個地方，讓牠的能量充滿她的身體。這樣做可能會讓她情緒激動，無法自已，但我建議她如果想哭，就儘管哭吧，因為她所流下的將是喜極而泣的眼淚。

至於後來的結果如何，讓我們一起來看看席爾薇亞寫給我的最後一封信就知道了。

## 重返世間

嗨，瑪德蓮：

六月二十九日（星期三）那一天，我和我的朋友一起去選小狗。那裡一共有兩隻，其中一隻小狗頸部有一圈紫色的毛，另外一隻則有一圈黑色的毛。紫色那隻非常友善，不怕生；但黑色那隻則一直跟我保持距離，過了好一會兒才願意走近我。

那位飼主希望我選那隻有紫色毛圈的，因

布蘭迪重返世間

為牠的品質最好，就洛威拿犬來說，牠身體各部位的比例也比較勻稱。但我卻比較喜歡黑色那隻。

然而，當我和我的朋友帶著各自選擇的小狗回到旅館時，情況卻開始有了改變。我那隻黑色的小狗開始展現牠的優勢。而且，當我們帶著牠們出去散步時，牠不管在地上發現什麼——無論是蟲子還是石頭——都張嘴就吃，就像我的「第一隻」布蘭迪一樣。我帶牠回家後，牠表現出來的模樣就好像牠認得這個家似的，立刻就有「賓至如歸」的感覺，甚至在幾個小時後，就知道牠的名字叫布蘭迪。除此之外，牠也像從前的布蘭迪一樣，溜得很快，一轉眼就不見蹤影。

布蘭迪到來後，不到兩天，葛瑞琴就跟牠成了好朋友，時常跟牠一起玩耍。我相信就算我不在的時候，牠們也會處得很好。

等我幫布蘭迪拍一些好看的照片後，就會寄給你。

謝謝你給我的忠告。

席爾薇亞

# 轉世回來的狗
## ——喬西和黛絲（狗）、貝莉（狗）

我喜歡聽到有關寵物轉世回到主人身邊的故事——我想我們都會很樂於知道，我們從未真正失去寵物。喬西也有一個類似的動人故事。她因為愛狗「黛絲」過世而傷心欲絕，她養的另一隻狗「羅莉」，也很想念黛絲。以下就是我們之間的書信往來。

### 一隻充滿母愛與忠誠的狗

我和黛絲溝通期間，腦海裡不斷閃現「母愛」和「忠誠」這兩個詞。當我注視黛絲的眼睛時，看到牠對你的忠誠，不難想見你們之間的連結有多深。我感覺牠天生很喜歡照顧人，到了靈界之後也是如此。我想牠那老邁的身軀，到後來已經無法負荷牠想做的工作了，因此必須離去，在新的肉身中重生，並繼續從事牠重要的工作。牠是一隻非常特別的狗，具有超乎年齡的智慧。牠已經教了你們許多事情，而羅莉會懷念有牠指導的時光。

黛絲有一股很強的「母雞」的能量。過去你碰到不如意的事或心情不好的時候，牠總是在一旁用柔軟的身體依偎著你，或用濕濕的鼻子頂著你，希望能夠給你一些安慰。我感覺牠這一生似乎承擔了很繁重的任務，因此牠會再度回到世間，享受輕鬆玩樂的時光。

從現在開始，羅莉或許必須自己承擔起責任，牠必須長大，不能老是依賴黛絲。我感覺黛絲體內的器官，後來無法順暢的運作，而且也因為牠承擔的那些重責大任而精疲力竭。不過，請你不要因此而難過，因為那些責任都是牠自願要承擔的，牠樂在其中。

現在，我腦海裡浮現了一隻很活潑的小狗，毛皮是奶油色的，眼睛的色澤很淡，但看起來很深邃。我想，到時你可有得忙了！此外，我也看見一位金髮的女士，穿著黃色的上衣，戴著金飾，個性慷慨仁厚。她可能是黛絲轉世後的飼主，要不就是會讓你接觸到黛絲所在的那一窩小狗的人。

這一陣子，羅莉一直感到很失落，總覺得家裡少了什麼，感覺非常空虛。我相信你也是這樣。我想，你和羅莉這麼想念黛絲，是因為牠在你們家裡是一股充滿著愛的力量，並且總是護衛著你們。巴哈花精中的「伯利恆之星／聖星百合」（Star of Bethlehem），可能會對你們很有幫助。此外，順勢療法當中的「呂宋果」（Ignatia）處方，或許也能夠幫助你們度過這段艱困的時期。

## 準備好迎接牠的轉世

我感覺黛絲進入你的生命，是為了教導你有關愛的功課，讓你願意打開心去愛別人、信任別人。我感覺你曾有過一段很辛苦的時期，因為之前你很相信別人，但那些人後來卻辜負了你的信任，所以你現在不願意再敞開心門。黛絲說你已經學到了很多，但你不能因為太過悲傷與失落，就關閉心門。相反的，你應該放下痛苦，擁抱你們之間曾經有過的愛，因為你會再度擁有這樣的愛。

只可惜靈界時間的算法和我們不同，我們無法知道你還要再等上多久。但請你不要放棄，要隨時準備好，迎接黛絲為你帶來的驚喜。總有一天，這隻新的小狗會像一股旋風似的來到你家，請你拭目以待！

喬西的回覆讓我很窩心。

我寫信來，是為了要告訴你，我們有了一隻新的小狗，我們管牠叫貝莉。牠的毛皮是奶油色的，上面有白色的斑紋。我在網路上看見牠後，目光就再也離不開牠了。牠的眼神好像要把我吸進去一樣。我知道這聽起來很奇怪，但即使是現在，當我看著牠的時候，還是感覺得到那股吸引力，視線彷彿無法離開牠的眼睛。我剛得到牠的時候，心裡既高興又傷感……那種五味雜陳的感覺，持續了好一陣子。此外，我還一度對黛絲感到愧疚。羅莉似乎很不喜歡貝莉，希望過一陣子就好了。

你說得對——貝莉就像一股旋風。關於那位金髮女士的事情，也被你說中了——她正是那位飼主。你說得沒錯，黛絲真的為我們帶來了許多驚喜！

## 很快轉世的貓
### ——史墨基（貓）

我先前說過，我們很難預測寵物會在什麼時間點回到我們身邊，但有時牠們回來的速度會很快。我之前曾經幫一位女士做溝通。她有一隻名叫「史墨基」的貓走失了。結果我在溝通時看到一隻黑色的小貓，感覺牠在適當時機就會現身在這位傷心的主人面前。沒想到不久她就回信了。

瑪德蓮，我真不敢相信耶！我剛看完你那封感人的來信，眼角餘光就瞥見窗外好像有某個東西。一看之下，發現那居然是隻黑色的小貓！牠有張黑色的小臉，而且正用牠那雙大大的黃色眼珠盯著我看！我打開窗戶，牠緩緩走了進來，好像牠是這裡的主人一樣。我憑直覺就知道牠是史墨基派來的。

後來，她又告訴我後續的發展。她說她曾經試著尋找小貓的主人，但附近並沒有人通報有一隻黑色的小貓失蹤，所以她也搞不清楚這是怎麼回事。總而言之，史墨基設法回來了。這真是太好了！而且牠在向我透露牠要回來的訊息，並讓我看見牠轉世的模樣後，這麼快就來了，真是令人訝異。

「有學問的人喜歡說話，但有智慧的人寧可聆聽。」

——吉米·漢卓思（Jimi Hendrix）

# 療癒深埋內心創傷的催化者

## ——紀莉安和努恩（貓）

以下是一個女人的故事。她被創傷折磨了五十多年，最後終於得到療癒，結束多年來的困擾。這一切都要歸功於一隻名叫「努恩」的貓，四隻分別名叫「米卡」、「水晶」、「帕沙」和「梅林」的馬，以及一隻名叫「泰索洛」的小公牛！

紀莉安是一位非常有成就的女子。她是整體療法（Holistic）的醫師，懂得各式各樣的療法，但她這大半輩子卻一直被可怕的童年回憶困擾著。這許多年來，她一直試圖把這些回憶和隨之而來的痛苦埋藏在心裡，但它還是不時出來作祟。

紀莉安抵達我在加拿大一座牧場所協辦的一個工作坊時，正處於壓力很大的狀態。我猜她最初心裡可能在想：這個工作坊不知道在搞什麼鬼，但她還是參加了所有的活動。她和馬兒們處得很好，不僅學會了自然馬術，也能和那些願意和我們互動、成為我們的「治療師」的馬兒們連結。她提到丈夫時，說他雖然很喜歡馬，但對待牠們的方式卻很傳統。她沒有把握自己能夠說服丈夫，讓他願意採取這種比較自由、比較溫和的新式馬術。從她的口中聽起來，他似乎是一個滿可愛的男人，但卻不是那種很容易改變或

催化者努恩

隨興行事的人——至少我們是這麼想的！

第二天，紀莉安躺在一張治療桌——我們在那裡擺了幾張桌子，讓馬兒們可以隨意過來和人互動——上面，等著馬兒們過來找她，但一開始走過來的卻不是馬，而是一隻長得像獅子、名叫努恩的美麗黑貓。努恩似乎很急著要讓紀莉安感受到牠的存在。這點很有意思，因為紀莉安曾經提過：她自從童年受到創傷以來，就一直覺得自己再也無法養貓了，因為她不能確保貓兒的安全。這種感覺源自她童年時發生的一個事件，而這個事件讓她產生無力感。我向紀莉安說明了努恩傳達的療癒訊息，接著小馬米卡也走過來撫慰她，並貢獻牠的療癒能量。我在和努恩溝通時，聽到牠在我的腦海裡清楚明白的宣告：「我是來扮演催化者（catalyst）的角色！她需要讓貓兒回到她的生命中。」

牠似乎很得意自己用了這個雙關語[1]。以下，我們就一起來看看紀莉安的描述，請你們自己下結論，但我感覺那些貓會回來，而且數量和當初一模一樣，紀莉安這一生的痛苦能終結，都是努恩的功勞！

## 動物的愛與療癒

我第一次躺在治療桌上的時候，那隻有魔力的貓兒努恩跳了上來，在我兩個肩膀中央和我的腳之間來來回回的走動，似乎有些煩躁。第二天上午，我開始有了許多情緒，昔日那件跟我父親和小貓有

泰索洛

關的事再度啃噬著我。我之前曾用過許多方法來嘗試解決這個困擾，後來雖然在某一方面有些改善，也讓我相當程度的得到釋放，但問題始終都在。

在工作坊的那個星期，我得到了許多的愛與療癒，而米卡、水晶、梅林、帕沙和泰索洛——尤其是泰索洛——對我也特別眷顧，因此我終於能放下那個傷痛的過往。我還記得有一次泰索洛把頭伸過來時，我看見一滴眼淚從牠的臉上滑落，彷彿牠替我承擔了所有的苦難，讓我既驚訝又感動。

從工作坊回家後，有一天，我和丈夫唐恩，以及五歲的孫子凱文在一起時，唐恩突然表示凱文要帶我到外面去看一個東西。我們一起走到穀倉後，我便看見不止一隻——而是五隻——被撿回來的小貓。其中三隻是黑色的母貓，還有一隻黑白花的公貓和一隻灰白相間的公貓。當下我突然再度想起很久以前那五隻穿戴著玩偶的服飾和帽子的小貓。通常這一幅畫面都會讓我產生一些強烈的反應，例如恐懼和流淚等。但這一次，那畫面幾乎立刻就消失了。當我和那些小貓玩耍時，我既未哭泣也沒有絕望的感受，只感覺到愛。

---

1 譯注：catalyst這個字，與英文「貓」cat有部分字母相同。

## 目睹動物受虐致死的童年創傷

容我說明事情的始末。我四歲時，有一天獨自一人在屋外玩耍（我的兄弟姊妹們有的上學去了，有的則待在家裡）。當時，我坐在屋前的走道盡頭，面前放著一個盒子，裡面裝著五隻小貓，以及玩偶的衣服、毯子和帽子。我正在幫小貓穿衣服，準備待會兒要用我的娃娃車推牠們去散步。

這時，我的父親從屋裡走了出來。他快到穀倉時，突然在我身旁停了下來。我坐在那裡一動也不動，感覺有什麼不好的事情即將發生。後來，我的父親彎下腰，拎起一隻小貓就走。我看著他走開，心想他不知道要把牠拿到哪裡去。結果他在五尺之外的一根電線桿旁停下腳步，抓起那小貓，把牠的頭往電線桿上用力一甩，接著就走回來，把牠丟到我的盒子裡面，然後又拿起了另外一隻走掉了。這次，我沒有看他。但是當我低下頭往盒子裡瞧時，卻發現那隻小貓有一顆眼珠子已經掉了出來，嘴角鮮血直流。後來，我就只敢看著前方。

我的父親處理完所有的小貓後，就對我說：「這農場已經有太多貓了——我們沒辦法全部都養。你去把牠們放在肥料堆裡。」我照著他的話去做，把那幾隻小貓像垃圾一樣丟掉。其中一隻的身體還在抽動，但是我不知道該拿牠怎麼辦，我只知道我救不了牠。後來，我把玩偶的衣服和毯子也一起扔掉了。

之後有一段時間，我一直以為父親也會把我殺了，並因此非常怕他。更何況，我還看到他虐待其他動物——如果有哪隻牛走得太慢或把牛奶桶打翻，他就會用腳踢牠。我想他並不知道、也無法瞭解，他對我造成多大的傷害。我一直無法明白、也無法接受他為什麼要當著我的面那樣做。

我從未向任何人提起這件事，只是一直放在心裡，直到我將近五十歲時，參加了瑪德蓮的工作坊，開始處理個人的一些問題之後，才第一次去面對。

天知道，世上為什麼會有人，用如此不人道的行為，對待其他人或動物！我到現在還是無法理解這點。但現在，我已經可以平靜的看待這件事情（這是我這一生中第一次有這種感覺），並且寫下來。過程中我既不曾流淚，也沒有心情沉重的感覺，只是有些遺憾居然會發生這種事情。但最重要的是：我覺得我已經自由了。

# CHAPTER 6

# 療癒人和寵物的身體病痛

當人們能夠療癒過往的傷痛時，他們身體出現的變化往往令我感到驚訝，而且這種變化有時是立即出現的。這似乎是因為我們發現自己病痛的根源，並釋放背後的恐懼和傷痛後，身體的細胞就不再需要攜帶著那個創痛。事實上，我們的心靈具有強大的力量。每當我見識到這一點時，總不由得肅然起敬。但這股力量究竟有多強大？我們目前所知也僅僅是皮毛而已。我認為，如果我們的想法造成了身體失衡的現象，那麼我們當然也可以反過來，藉著內在的體悟和正向的自我信念，來消除這些身體病狀。

然而，人們往往任由自己的心靈受到恐懼和負面思想的箝制，不把心念放在積極正向、無懼的愛上面。當然，後者做起來比較困難，可能要花很大的力氣才能做到，但我相信只要我們能時時覺察內在的聲音，就大有幫助。我們在清理創傷時，必須觸及過往那些受創的經驗，但有時這些不堪的經驗會被掩埋在記憶深處，讓我們無從下手。幸好我們的寵物知道該怎麼做。以下這個案例，是我看過最戲劇性的一次轉折。

# 故意引起注意的馬兒
## ——瑪麗和席穆斯（馬）、拉吉（馬）

### 誰才是該療癒的對象？

我應邀到一座專門替別人養馬的馬場，去探視一匹名叫「席穆斯」的馬。牠是一匹有花斑的灰馬，模樣俊俏。見到我，牠便不停吁氣，並且不安的跺腳。我只好溫柔的安撫牠，告訴牠我是來幫忙的。牠之前很怕被裝進專門用來運馬的火車車廂，也缺乏被人騎乘的自信。但我發現牠表現出這些行為，其實還有一個更深層的原因：牠很擔心另外一匹馬，覺得那匹馬非常需要我的協助。

後來，席穆斯的主人告訴我，她認為席穆斯指的可能是她女兒的馬「拉吉」。她說拉吉越來越讓人無法捉摸，以至於她有時會擔心女兒瑪麗的安全。這時，席穆斯對著我眨眼——我發誓這是真的！——並轉頭朝向位於穀倉末端一匹高大的栗色馬，示意我拉吉就在那裡。我在腦海裡清清楚楚的聽見牠說：「看在老天的份上，你就去幫他們處理一下吧！他們的問題才嚴重呢。」

我走近拉吉的欄位時，牠有些疑心的看著我。牠是一匹極為高大強壯的馬，使得站在牠身邊的瑪麗，相形之下顯得非常嬌小。瑪麗向我描述拉吉的問題：牠很沒有自信，而且似乎很不願意向左轉。當我用心與拉吉連結，問牠其中的原因時，牠說這是因為牠希望瑪麗能變得更有自信，這樣才能更強而有力的帶領牠。如果瑪麗能信任牠，牠就會對自己更有信心。

這時，我注意到拉吉的右肩上有一大塊斑點，顏色比牠的毛皮要深很多，邊緣則是白色的。瑪麗表示，她聽說牠出生時身上就有這個斑點，而且據她所知，牠的肩膀從來沒有受過傷。不過，我感覺其中必有蹊蹺，於是開始探測拉吉肩膀部位的能量，請拉吉告訴我究竟發生了什麼事，這件事是否又導致牠現在的問題。

這時，我的腦海裡浮現出一些金屬片，看起來很像是砲彈的碎片，它們以能量的形式存在，並以記憶的形式嵌在拉吉的肩膀上。於是我開始觀想自己拿掉這些金屬碎片的情景。我想，這個時候我的動作看起來一定很奇怪。瑪麗和她的母親眼看見，我用手把看不見的東西從拉吉的肩膀裡拔出來，想必也很納悶！我做完後，又開始觀想自己用療癒的光，填滿碎片挖出來後留下的凹陷。

## 治癒無力的左臂

這時，瑪麗突然覺得左肩傳來一陣陣刺痛。接著，我開始向她們描述拉吉向我顯現的畫面。牠前世曾經參與拿破崙時代的一場戰役。當時拉吉是一匹強壯的灰馬，而瑪麗則是一名士兵，騎著拉吉在砲火中衝過戰場，結果有一顆砲彈在他們旁邊炸開來，金屬碎片刺進拉吉的肩膀，他們連人帶馬歪向左側，摔倒在地。拉吉因傷勢太重，不幸去世了，而被壓在拉吉身軀底下的瑪麗，雖然保住了性命，但由於受傷不輕，以至於後來左臂萎縮，左側的身體也變得很沒有力氣。

說完，我開始動手清除遺留在瑪麗左臂上的負面記憶，問她能不能看見當時的情景。令她驚訝是，她發現居然可以一五一十的描述當時身上穿的制服以及自己和拉吉的長相。這時，瑪麗感覺到左臂有一陣刺刺的感覺，彷彿那裡出現了什麼變化。接著，她告訴我她的左臂一向很沒有力氣。事實上，她身體的左半邊都很無力，因此很難駕馭拉吉。聽完她的描述後，我確信拉吉不願意向左轉，一定和這點大有關係。

我為瑪麗的左臂傳送能量，走到她的手肘時，有點堵住了。於是，我便請拉吉幫忙疏通。牠要我請瑪麗想像她的指尖末梢有一個個小水龍頭，並請她將它們打開，讓堵塞的能量能釋放出來。我假裝轉動那些想像的水龍頭，並觀想那些如糖蜜般濃稠的黑色能量從裡面流出來的情景。接著，我又問瑪麗想把它轉變成什麼東西。她說她想像它變成一朵朵雛菊飛向天空，把她所有的傷痛都帶走了。此外，她也想像肩膀上的疼痛也一起被那些雛菊帶走。之後，她又想像自己從嘴巴裡吹出一朵朵雛菊，讓她不再頭昏腦脹。我覺得這一點非常有意思，因為雛菊正是順勢療法用來清理深層組織創傷的處方。

瑪麗做完後，我又請她想像自己該如何改變那場戰役的結果，讓他們可以躲過砲火的攻擊，逃到安全的地方。這時，瑪麗的臉色突然變得像紙一般蒼白，說她覺得身體很不舒服，一副快要昏倒的模樣。我建議她坐下來休息。她靠著馬廄的牆，慢慢滑坐在一堆乾草上，臉色蒼白得嚇人；拉吉也大聲的吁了一口氣，倒在稻草上，彷彿癱瘓了一般，兩眼緊閉，口鼻貼著地板，一邊噴著鼻息一邊呻吟。我之前從沒見過哪個寵物或主人反應如此劇烈，因此心裡很驚慌，但我知道那是因為他們體內細胞記憶裡的能量正在發生巨變的緣故。

於是，我引導瑪麗做了幾次深呼吸，讓她好好休息。在她休息期間，我帶著她觀想左臂充滿新能量的情景。當那股能量走到指尖時，我便請她觀想自己把那些小水龍頭關上，讓這股新的療癒能量停留在她的體內。後來，瑪麗的雙頰漸漸恢復了血色，也有力氣站起來了。不過，拉吉依舊癱在那裡，大聲喘氣。我想這是因為牠之前一直很賣力幫助瑪麗和自己清理過往的創傷，因此牠需要多休息一段時間，才能恢復原狀並適應牠的新能量。

當我和瑪麗的母親扶著她進入屋內，端茶給她喝時，瑪麗險些叫了出來，因為她很驚訝的發現左半邊身體變得強壯許多，跟平常很不一樣。之前她的左手一直無法握拳，但這次，當她接過裝著茶水的馬克杯時，居然可以用左手緊緊的握住杯子。

## 老神在在的馬

後來，我們回去穀倉察看拉吉。經過席穆斯身邊時，我在腦海裡聽見牠向我說：「謝天謝地，你來得正是時候！」當我們走到穀倉時，卻發現拉吉正倚在馬廄的門上，一副老神在在的模樣，彷彿什麼事情都沒有發生過。牠的眼神平靜，神色輕鬆而愉快，與牠之前的樣子大不相同。

我勸瑪麗在未來兩、三天內，盡量讓自己和拉吉好好休息，然後我便離開了。一路上，我思索著這一連串使我來到他們身邊的事件，忍不住納悶聰明的席穆斯是不是故意做出誇張的行為，迫使牠的主人不得不請我過去，以便「發現」瑪麗和拉吉身上那些更嚴重的問題。無論如何，探究前世並清理昔日創傷的做法，在瑪麗和拉吉身上，都產生了非常驚人的效果。在治療的過程中，我必須實實在在的聽命於我的指導靈；因為我相信，瑪麗和拉吉的反應雖然非常激烈，但為了療癒他們最深層的創傷，這些都是必要的。

## 人和馬一起得到療癒——克莉絲蒂娜和淑女（馬）

許多案例中的主人，不僅身體上有許多病痛，也有情緒上的困擾。事實上，這兩者密不可分。前世的記憶所造成的身體病痛，往往只是諸多錯綜複雜、有待解決的問題中的一環。以下這個案例的馬兒和主人，都出現了莫名其妙的恐懼與疼痛，但這也是他們得到全面、徹底療癒的最佳時機。

### 顛倒的能量藍圖

從腿部傳來一陣灼熱的刺痛感，讓睡夢中的克莉絲蒂娜醒了過來。她雖然一整個晚上都躺在床上睡覺，但此刻她的腿卻痛得好像斷掉一般。事實上，當她嚇得出聲大喊，請她母親過來時，她說的就是：「媽，我的腿好像斷掉了！」在她的母親扶她下床後，過了一會兒，她的腿就逐漸恢復正常了，雖然還是會痛，但她們決定要繼續幹活，畢竟還得去餵食和照料那些動物。

她們家養了許多動物，但其中最讓她們操心的便是「淑女」了。牠是一匹暗褐色的俊俏馬兒，現年十八歲，來到她們家已經六年。這幾年來，淑女不知道為什麼越來越害怕跳躍，這方面的能力也越來越差。這一天，也就是克莉絲蒂娜感覺腿好像快斷掉的那天，她們請我來到家中，試圖探討淑女表現異常的原因。

我抵達時，「布萊安」——牠是一隻黑色的混種柯基犬，身高大約是一般狗的一半，身長則是一般狗的兩倍——走過來迎接我，並帶我走到淑女的馬廄，後來一直在旁邊觀看整個治療過程。一開始時，我抵達馬廄後，看見淑女正仰起牠那美麗的褐色臉龐，充滿期待的看著我。事實上，我也一樣很想見到牠。因為之前，我已經仔細看過牠尾巴上的毛髮樣本以及照片，其中透露了一些非常有意思的細節。

我原先並不知道克莉絲蒂娜的狀況，但後來她走起路來有些搖搖晃晃，她媽媽便問她要不要坐下來，讓腿可以休息一下。這時，她們才告訴我那天早上發生的怪事。根據我的直覺，我知道這事一定和淑女以及牠的恐懼有關。當初在端詳淑女的毛髮樣本和照片的時候，我就看到牠的背上有一道可怕的裂痕，看起來好像是劃過照片的一道陰暗線條。當我拿起牠尾巴上的毛髮時，突然感受到一種強烈的恐懼。

此刻，淑女正用牠那溫柔哀傷的眼睛看著我，並透過心電感應要我詢問克莉絲蒂娜：第一次看到牠的時候有什麼印象和感覺？克莉絲蒂娜告訴我，當她去看淑女的時候，感覺牠看起來非常哀傷，而且體型非常削瘦，生活環境也不理想。但更奇怪、更有意思的是，她覺得淑女看起來是顛倒的，也就是說，牠的脖子好像裝反了。此外，克莉絲蒂娜還說，當時她感覺心裡有一股很深沉的哀傷，不知道為什麼就打定主意要把淑女買下來。

克莉絲蒂娜和她的母親，在淑女的前任主人家，聽說了牠在跳躍方面的本事，也看到牠贏得的許多玫瑰花形獎章。因此，當淑女來到她們家好幾個月後，仍然表現出害怕跳躍的樣子，她們不禁感到非常困惑。因為這段期間，淑女從沒有任何不好的經驗，而且牠的馬鞍也經過調整，安裝得非常妥當。除此之外，她們還請了一位專業的馬匹治療師來調理牠的背，而克莉絲蒂娜本身也是一位技巧嫻熟的騎師。因此，她們不明白淑女為什麼越來越害怕跳躍。

## 能量堵住

我沿著淑女的背（從肩胛骨中央隆起的部分到骨盆這一段），把療癒能量傳送給牠時，感覺能量走到半路就被堵住了。而且，我發現那裡有一道裂縫，是前世的創傷在身體組織上所留下的記憶。此外，我感覺淑女身體周圍有一圈藍色的輪廓，上面有一個明顯的缺口，顯示那裡正是創傷發生的位置。它位於太陽神經叢一帶，正如我先前所說，這個區域如果發生問題，可能會影響自信心和自我價值感。於是我並透過心電感應，請淑女告訴我究竟發生了什麼事。牠要我問克莉絲蒂娜：她是哪一條腿會痛？當她告訴我是左腿時，我突然明白了其中的意義！他們想必曾經共同經歷一次創傷。他們現在得處理這個問題，才能夠在未來的生命中繼續前進。

許多療法和傳統都認為，身體的左側是屬於女性或陰性的能量。他們相信，在身體左側的病痛，大多和女性的問題有關，或是和有感情牽扯的人有一些問題。腿部的毛病，通常代表當事人無法「踏出下一步」。我感覺這部分不僅和淑女是一匹母馬有關，也關係到克莉絲蒂娜生命中一些讓她無法向前邁進的問題，也就是說，有某個事物或某個人正在斲傷她的自信心與自我價值感。我確信這和她前世的糾葛有關，而我眼前也開始浮現她前世的景象。當淑女重回當時的情景時，我開始感受到強烈的恐懼，腦海裡也浮現一幅畫面：他們為了逃離一群看起來像是蒙古人的搶匪，正在一片滿布岩石的曠野上沒命的往前飛奔，但在疾馳了好幾哩路後，卻來到了一條橫亙在兩座陡峭岩壁之間的狹長山溝，擋住了他們的去路。

克莉絲蒂娜在那一世是一個少年，身穿毛皮衣裳，淑女仍舊是一匹馬，毛色很黑，體型比今生矮胖，背上蓋著一條雜色鞍毯，配備著簡單的馬鞍和韁繩。眼見已經無路可逃，淑女只好奮力一博，企圖跳過山溝，但卻掉進谷底，摔斷了背脊，克莉絲蒂娜的左腿也骨折了。他們後來被前來搜尋的族人救起。雖然克莉絲蒂娜保住了性命，但不幸的是淑女卻死了。克莉絲蒂娜眼見這忠心耿耿的坐騎為了拯救自己而犧牲了性命，深覺悲傷與失落。我在描述這幾幅畫面期間，抬頭看著克莉絲蒂娜，發現她的臉色非常蒼白，而且渾身發抖。

我問克莉絲蒂娜：今生是不是有一些問題困擾著她，讓她一直在原地打轉，裹足不前，並且感覺自己一事無成，不配擁有美好的生活？克莉絲蒂娜和她的母親聽了之後，都流下了眼淚。她說她有過幾次不愉快的分手經驗，受到很大的打擊，心情非常苦悶，現在仍感到茫然，一直走不出來。對她來說，生活中唯一的樂趣便是騎著她漂亮的小馬騰空躍起，感覺自己好像在飛翔一般。因此淑女在跳躍方面的問題，讓她的心情更雪上加霜。我問：現在她的腿部仍然會疼痛嗎？她說之前曾經一度變得更痛，但現在情況已經好轉。

## 改寫前世劇本和靈魂復原術

我決定請克莉絲蒂娜改寫前世的劇本，讓他們都可以保住性命。她想出了新的劇情後，開始向我描述她觀想的情景：淑女躍過山溝後，只受到輕微的擦撞，但很快便站穩腳步，繼續往前飛奔，逃到了族人的居住地。她觀想完畢後，我問她感覺如何，她說她覺得很開心，腿部的疼痛也奇蹟似的消失了。

接下來，我就為淑女施行我所謂的「靈魂復原術」。我觀想在那一世，牠的傷勢被治好了，身體無恙，四肢健全。接著我又觀想自己把牠那次慘死時失落的一塊靈魂碎片，吹進牠的體內，使牠的靈魂再度完整。此時，淑女和克莉絲蒂娜看起來都開朗許多，我們每一個人的臉上也都掛著燦爛的笑容。最後我為淑女的背部做了一些治療，並觀想自己重新描繪牠的藍色輪廓線，讓牠的能量藍圖再度變得完整無缺。

隔了一陣子，我又為克莉絲蒂娜進行了另外一次療程，幫助她放下前世殘留的悲傷與罪惡感，讓她知道她值得享有生命中一切美好的事物。此外，克莉絲蒂娜也逐漸明白，像她這樣一個女孩，應該能夠遇見一個懂得欣賞她的優點以及內在美和外在美的男子，那人就是她的真命天子。

我們發現，淑女今生注定要回到克莉絲蒂娜身邊，讓他們能夠一起獲得療癒。此時，我們也終於明白淑女和克莉絲蒂娜共同生活後，觸動了牠在前世墜落身亡時的恐懼記憶，所以才會在跳躍上出現障礙與困難。一旦發現他們共同經歷的前世創傷，並加以治療後，克莉絲蒂娜已經能夠放下她內心深處的哀傷與罪惡感，使得她自己和淑女都能繼續向前邁進，大膽擁抱生命。除此之外，讓我們感到驚訝的是：克莉絲蒂娜的斷腿事件居然剛好發生在我來訪的那天早上，讓這個問題可以即時獲得解決——這一切都是淑女的功勞！

## 改寫前世劇本，改善狗兒的身心症

### ——費歐娜和貝兒（狗）

以下是一隻寵物的主人親筆敘述。她不僅親眼目睹寵物的前世，並親耳聽到牠在那一世對另外一隻動物「說話」，為了解決與那一世相關的問題。

「貝兒」得了一種名叫「脊髓空洞症」（syringomyelia）的病。這種病讓牠的脖子很不舒服，後來甚至嚴重到牠外出散步時，每隔幾分鐘就必須停下來去抓抓那疼痛的部位。除此之外，牠也經常作惡夢，吃藥也不見效，於是我和瑪德蓮聯絡。

在瑪德蓮那裡，我和她都透過心電感應，連結到貝兒脖子疼痛的部位。這時我立刻看見我在前世病重的樣子，而瑪德蓮則看見一個尚未癒合而且已經受到感染的傷口。

接著，我看到貝兒在這一世是一隻瞪羚。有一天，牠在森林裡的一處空地上突然慘遭一隻獅子攻擊。獅子抓住牠的後腿，把牠往空中一拋，牠的脖子因此折斷。後來，瑪德蓮教我如何改寫前世的劇本，改變那個結局。於是，我想像在獅子撲過來的那一剎

貝兒的心

那，畫面停格了，而貝兒以一種超越的口氣對那獅子說話。牠問那隻獅子：難道不知道大自然的法則，是要世間的生物尊重其他的生命？在取其他的性命之前，必須經過對方的同意才行。

那獅子聽了這話後，慚愧的低下了頭，非常謙卑的表示，牠知道大自然的法則，但牠向貝兒致歉，因為牠需要用貝兒純淨的能量來供養牠的孩子，延續獅子這個物種的生命。

貝兒接受了獅子的道歉，並允許牠取走性命。當我看完貝兒的前世，回到現實世界後，瑪德蓮帶著我一起觀想，我們設法修補貝兒頸部裂開的骨頭，並將那裡的神經、組織、肌肉和皮膚重新縫合。最後，瑪德蓮又把一塊假想的水晶模板放入貝兒的脖子裡。她之前曾經向我提過，她會用各種形狀的乙太水晶——看起來很像是水晶——幫助人和動物獲得療癒。後來，我們發現貝兒臉頰上那些美麗的心形斑點似乎擴大了，看起來幾乎像是立體的。我之前就一直認為那些斑點象徵著貝兒慈愛的天性，現在果然得到了證實。

療程結束後，我們開車回家。一路上，貝兒看起來非常平靜。從此以後，牠只是偶爾抓抓脖子，而且也很少作惡夢了。

## 傾聽寵物的指引
### ——安娜和馬古（馬）

以下這個案例顯示，我們只要善用觀想技巧，並傾聽寵物的指引，便能夠得到最佳的療癒效果。以我的經驗，下面所提到的「鏡廳」（Hall of Mirrors）是一種很好的方法，可以讓人們親眼目睹療癒的進展，使他們更有力量。

**知曉大小事的馬兒**

「馬古」是一匹高大的棗紅色馬兒，受過花式騎術訓練，氣勢非凡。我第一次遇見牠的時候，牠還是一匹很神經質的小馬。當時我們一起處理了牠前世的創傷，結果也很成功。我第二次看到牠時，牠已經成熟得多，也遠比之前更有自信。事實上，牠似乎對整個馬場的情況都瞭如指掌，把那裡所有的內幕消息都一五一十的告訴我！

馬古告訴我，安娜家最近死掉的那隻牧羊犬，從前時常會用爪子抓門，現在他們還是能感覺到牠的存在。馬古說牧羊犬是這座農場和安娜家很重要的一員，因此牠的死讓全家人都很傷心。安娜務農的父親表面裝得很堅強、一副無所謂的樣子，但事實上他會暗地溜進馬廄裡宣洩他的悲傷。後來安娜也向我證實，那隻老牧羊犬生前確實喜歡用爪子抓廚房的門，而且她也認為牠的死讓她父親心裡非常難過，只是不願意表現出來。

馬古甚至告訴我，當地那位為馬治療牙齒的牙醫，之前應該要來幫牠做一次例行檢查，但他卻跑到法國度假去了。我真的不知道一匹馬怎麼會知道這種事情，但安娜說她會去查證，然後再告訴我是不是真的有這麼一回事。結果兩、三個星期後，她打電話給我，說那牙醫確實去了法國。我們都感到非常驚訝——尤其是那位牙醫。他從此便下定決心，今後在馬古面前一定要謹言慎行，以免牠把機密洩漏給整個馬場的人！

## 進入鏡聽，建立自信

我曾經和安娜一起共事，對她的直覺能力印象深刻。她不僅已經開始展露出她和動物溝通的天分，在馬術方面的造詣也很高超，只可惜她自己並未充分體認這些方面的能力，因缺乏自信而自我設限。

安娜之前買了另外一匹很棒的馬，名叫「艾薇」。她說當時就是覺得自己非把牠買下來不可——他們之間的連結很深，深到安娜一騎上艾薇的背，就開始掉眼淚。我直覺的認為他們前世必定曾經是某個一流的騎術中心——例如維也納的西班牙騎術學校或法國的黑騎士（Cadre Noir）馬術學院——的夥伴。所以安娜體內原本就具備高強的騎術能力，也已經知道該如何成為一流的騎士，只要她能想起這些潛藏的能力並加以運用就行了。幸好艾薇對此很有信心。

我第二度拜訪安娜的農場時，所有的牧羊犬都圍著我和善的又叫又跳，唯獨年紀較大的母狗「洛蒂」例外。安娜請我來的目的就是要和牠談一談，因為她覺得自從前一陣子那隻牧羊犬死了以後，洛蒂的情況就越來越糟。我感覺洛蒂並沒有什麼不舒服，只是必須學習接受事實，明白她在一連串的小中風之後，再也無法像從前那樣發號施令了。

在治療安娜的過程中，我要幫助她建立自信。我注意到她的左手上了夾板，她告訴我那是因為大拇指扭傷了。後來，我們一起做了一些熱身運動，練習呼吸。在這類練習中，我會讓我的個案吸入一種注入白水晶能量的精油。安娜嗅吸這種精油後，我請她把精油的能量傳送到體內的各個部位，讓她感覺更加平靜，也更有力量。但安娜告訴我，她完全感受不到左手臂的存在，那裡似乎空蕩蕩的，什麼也沒有。她說，她試著想像一道美麗的紫色光繞著身體流動，但仍進入不了左臂。

就像我們在克莉絲蒂娜的案例提到的，我們身體的左半邊代表著女性的特質。因此我想經年在農場裡辛勤勞動的安娜，或許不太欣賞自己的女性特質。我感覺她的靈魂由於受到創傷的緣故，呈現分裂的狀態，因此她和她左臂的能量是分離的。於是，我便請她運用我稱之為「進入鏡廳」的技巧（我經常用這種方法來感應個案的身心狀態，非常管用。同時，我也鼓勵我的個案自行觀想各種意象。透過這些象徵性的意象，就可以很清楚的窺知他們在各方面的狀態）。

首先，我讓腦海自然浮現一個代表安娜當下狀態的圖像，結果看見了一捲簇新的美麗草皮，雖然綠意盎然，但卻還沒完全鋪在草坪上。黛娜．葛洛柏曼（Dina Glouberman）曾在她的著作《選擇人生，改變人生》（*Life Choices, Life Changes*）當中描述了這些技巧，她認為它們充分運用了象徵符號和意象的力量。

當安娜開始使用這個技巧時，她在第一面鏡子中看見的自己是一個很小很小的人，小得連手臂都看不清楚。後來，馬古和洛蒂突然像變魔法一般出現在她身旁。我要安娜請牠們給她一些建議，教她如何變得更有力量、更有自信。馬古說她只要相信自己能夠做到就行了，並說牠會助她一臂之力，就像她從前幫助牠建立自信，使牠成為一匹很有智慧的馬兒一樣。

接著，我請安娜注視另外一面鏡子。結果，她很驚訝的看見自己已經長高了，而且左手臂也再度長出來。在此之前，馬古曾經對著她的左臂吹氣，希望能增強安娜左臂的力氣，結果現在不僅長出來了，也變得生氣勃勃、結實有力。

當安娜注視下一面鏡子時，她看到自己的影像和一個美麗的北美洲原住民婦女的影像重疊。這大大的激發了安娜內在的力量，我們都覺得這是她另一世的樣子。她可以從中發掘出屬於那一世的更多能力。

安娜注視最後一面鏡子時，情緒變得非常激動，因為她看見這一生養過的寵物全都出現在那裡，牠們一個個都向她道謝，並告訴她，她是多麼有能力的一個人，而牠們又是多麼榮幸，能夠和她共度此生。洛蒂和馬古對她說：「你只要堅持下去就行了！你可以辦得到的。」

安娜意識到，如果她很難為了自己振作起來，那麼她至少可以為了寵物而振作，因為她發現，原來在追尋自我的旅途中，寵物一路都在為她打氣。當安娜觀想自己離開那座鏡廳時，我問她：想不想藉此機會拜訪別的地方，能學到更多可以幫助她成長的事物？我請她再找找看，有沒有另外一個房間？她在那裡，或許可以得到更多的資訊。

結果，她看見了一扇門，上面寫著「自我懷疑」（SELF-DOUBT）這幾個字。我覺得這不是很妥當，因為我一向認為，把注意力放在正面的訊息上，會更有效果。於是，在洛蒂和馬古的引導下，我建議安娜做一個巧妙的、很有創意的練習：我請她先把那些字母想像成一組彩色的磁鐵字母（就像我們貼在冰箱上用來排列組合的那些字母一樣），再請她把「懷疑」（DOUBT）這幾個字母拿掉，然後用新的彩色磁鐵字母拼出

「相信」(BELIEF)這個字。她輕而易舉就做到了。接著我問她：原先那些舊的字母到哪裡去了？她說已經被馬古踩壞了。顯然馬古不允許安娜再度懷疑自己。我建議她將來如果被任何負面的想法困擾，她就可以用這種方式來重寫腳本，並請馬古再次把原有的東西摧毀。

當安娜從冥想的狀態回到現實時，整個人顯得與先前截然不同，看起來生氣勃勃、容光煥發。她說她感覺手臂已經變得很有力氣，並且很驚訝她的寵物們是如此忠心耿耿，給她這麼多的幫助。我提醒她，牠們不過是在報答她從前對牠們的善行罷了。除此之外，安娜也表示，以後失去心愛的馬兒或狗兒的時候，不會再感覺那麼傷心了，因為她已經明白到時洛蒂即使不在世間，也會在靈界陪伴著她、給她指引。這點讓她感到非常安慰。

這個案例讓我再度驚訝的發現：原來我們的寵物是如此努力的在指引我們，並協助我們重新找回自己的力量。

# CHAPTER 7
# 如何感應寵物的前世？

下面這個案例讓我大開眼界。如果我曾經懷疑我們和寵物之間的連結究竟有多深的話，這個案例給了我最好的答案！以下是賽拉的自述。她描述了她和她的馬「月亮」的經歷。這是我有幸得以目睹的最特別的一次回溯經驗，它讓我學到了幾件事。其中之一就是我們應該自始至終相信自己的直覺，就像賽拉那樣。如果你不知道自己為什麼看到某一隻小狗、小貓、馬兒或其他動物，就想收養牠，請你聽從內心的聲音，並且相信直覺。通常你一看到牠們的眼神，就會有一種感覺，彷彿你們的靈魂早已經彼此熟識了。有許多個案曾經告訴我，他們在看到動物的眼神後，就知道之前過世的寵物已經回來了。我初次遇見賽拉，並看到她帶來月亮的照片時，不禁感動得流下了眼淚。

## 前世的連結不會中斷
### ──賽拉和月亮（馬）

我初次遇見馬兒月亮時才二十一歲，正是年少荒唐的歲月。當時我夜夜去夜店玩，有時甚至混到上班前一個小時才回到家。後來，我養的一匹母馬退休好幾年後在睡夢中安詳過世，使我意識到自己很想再騎馬，於是我開始多花一點時間幫忙一個朋友照料馬廄，並且幫她騎馬。有一天，我和朋友一起去另外一個馬場。但是，我只是為了陪朋友和好玩而已，因為以我當時的經濟能力，根本就買不起另外一匹馬，況且在心理上也還沒做好準備；所以當時的我，絕對沒有意思要為自己找一匹馬。

### 一見鍾情，難以忘懷

然而，當我們站在馬場上時，有人從外面帶了一匹馬進來，牠是我所見過最漂亮的一匹馬！我簡直無法形容當時有多麼想要擁有牠。我之前已經看過並騎過幾百匹馬，但卻從來不曾有這麼強烈的感覺。這匹馬當時九歲，體高有十五點三個手掌寬，是匹百分之百的純種馬，牠的毛皮是赤褐色的，眉心有一個星形斑紋，讓我一見鍾情。但我已經晚了兩個星期。因為這匹馬兒月亮隸屬於「西南馬兒保護協會」（SWEP），雖然暫時被寄養在一位女士那裡，但事實上已經有了新的主人，而且那位女士已經預備把牠送到新家去了，只不過因為牠的前腳還沒有什麼力氣，暫時還不能搬遷。

月亮是被西南馬兒保護協會營救的一匹馬。當時牠的狀況很差，四蹄都長了膿瘡，一副瘦骨嶙峋的模樣，骨盆也受了傷。不過，牠的個性卻非常和善。二〇〇三年年底時，牠在連續八個星期內，發生了十次嚴重的腸絞痛，險些被安樂死，但當照顧牠的人準備執行安樂死的程序時，月亮卻從她的口袋裡偷走一根紅蘿蔔，讓她實在下不了手。

月亮和賽拉

初次見到月亮後，過了兩個星期，我仍舊忘不了牠。在那段期間，好幾次都有人要把他們的馬兒借給我，但我卻連看也不想看一眼。有一天，我下班後，發現西南馬兒保護協會打電話來問我是否仍然想要月亮，因為他們原先幫牠找的那個新家並不適合牠。他們告訴我，牠身體的毛病很多，可以吃的東西很少，但這一切都不足以使我卻步。於是，後來月亮就來到我家。

## 療癒無法解釋的病痛

從此以後，我不再上夜店，幾乎把所有的時間都用來照顧月亮。然而，原本看起來平靜安詳的牠，抵達我家的第二天，就開始發瘋了，在我第二次騎牠的時候，後腳突然立起來，使我摔到地上，肋骨受傷。後來，牠一直不肯單獨離開馬場。如果我勉強牠，牠就會擺出一副準備要後腳立起的姿態。我每次帶月亮出門，過沒多久牠就會抬起前腳，旋身調頭，循原路回家。我請人幫牠檢查了牙齒、背部、馬鞍和健康狀況，排除了身體上的因素。到後來，我簡直怕死牠了。

有一次，我們參加完一場表演秀，準備要回家時，月亮居然拒絕進入火車運馬車廂，使我不得不牽著牠步行，走了六哩路才回到家。在回家的路上，我下定決心打電話給西南馬兒保護協會，告訴他們我拿月亮沒辦法，準備要放棄牠。但後來發生了一件事，讓我沒打那通電話。

那一天，我和家人應邀去參加了西南馬兒保護協會的動物溝通日。那天負責溝通的人是瑪德蓮。她幫被帶去的狗兒和馬兒都做溝通，在場的人顯然都深受感動。輪到我時，我根本無從預期她會說什麼，但瑪德蓮卻開始談到月亮身體上的種種問題，我也向她提到我和月亮相處的一些狀況。突然間，瑪德蓮開始哭泣，說她無法繼續再做下去了，問我事後要不要留下來，或者第二天再打電話給她。

我被瑪德蓮的反應嚇到了，很怕我打電話給她時，會聽到她說月亮並不快樂，或者我曾經做過一些很不應該做的事情。沒想到她卻告訴我，月亮前世曾經和我在一起。當時，我是美國的一個原住民，牠則是我的馬。我在騎著牠的時候遇害，牠因為無法救我而感到自責，所以牠今生才不願意讓我騎著牠離開馬場，也才會在牠感覺到有危險的時候趕緊調頭回家，其實目的都是為了要保護我，讓我不要再度受到傷害。

第二天早上，我走到馬廄，給了月亮一個有史以來最熱烈的擁抱。我告訴牠，我明白牠的心意，不過我們雖然要保護對方，但還是可以設法找點樂子。從那天起，我們便不再回首過往。那個週末，我終於能夠單獨騎著牠外出了。雖然整個過程並非一帆風順——月亮有幾次還是害怕的調頭轉身——但現在我既然知道了原因，處理起來就容易多了。

## 馬兒的心電感應

後來，透過瑪德蓮，我對月亮的過往有了更多的瞭解。牠曾經是專門參加障礙超越賽的馬兒，但有一次，牠在跨欄時，後腳絆到柵欄後被往上推，使得牠的背部骨折，骨盆錯位，骨盆前的神經也受損，以至於牠的比賽生涯被迫終止。後來，牠就被賣到一座專門訓練馬兒做花式騎術表演的馬場，但牠受限於身體狀況，無法達到他們的要求，於是常常挨打，後來又再度被賣掉。

二〇〇七年四月，我和我的爺爺發生了一場車禍。爺爺雖然受到很大的驚嚇，所幸平安無恙，但我卻感到脖子非常疼痛，被送到當地的醫院治療。檢查結果發現：我的頸椎骨折，第三節頸椎往後突，壓迫到我的脊柱。那些脊椎專科醫生都很驚訝我居然沒死，而且還可以走路。不過，之後有十天的時間，我的左臂一直都無法移動，而且得戴著護頸四個星期。儘管如此，我還是每天到馬廄去陪伴月亮及我的另外一匹小馬「凱莉」。

二〇〇八年年初，當瑪德蓮前來探視我的馬兒時，月亮對她「說」的第一句話居然是：「紅色的車子讓我媽媽受傷了。」月亮在馬場上，根本不可能看到我出車禍的情景，但她卻一五一十的向瑪德蓮描述當時的狀況，還說她非常擔心，因為「我如果出事，她真的不知道該如何是好」。我和牠之間的關係越來越好。經過好幾個月的努力之後，我和月亮終於在二〇〇九年的一項障礙超越賽中贏得了我們的第一枚玫瑰花形獎章。回想牠當初剛剛來到我家時，連地上的竿子都不敢跨過去，拉右邊的韁繩時，牠也不太能跑步。由此看來，我們確實有了很大的進展。除此之外，月亮也越長越高，後來甚至長到了十六點一個手掌寬。

## 正確的決定

二〇〇九年七月二十九日，我和爺爺抵達馬場時，看到月亮躺在牠的馬棚裡。這種情況並不罕見，但在爺爺動手混合飼料的期間，月亮卻開始踢打自己的腹部。後來，我牽著牠在附近走了一會兒，但牠的情況卻越來越糟。獸醫抵達後，幫牠打了兩針，之後又請了另外一位獸醫，聽取他的意見。我們四個人合力把月亮扶起來，讓那位獸醫可以聽牠的心跳。後來，他告訴我，牠的腸子已經絞在一起了，因此我必須做個決定：是要讓牠去布里斯托（Bristol）開刀？還是就此結束牠的痛苦？

月亮是我最好的朋友。牠改變了我的生活，甚至可能還救過我的性命。我簡直無法想像沒有牠，我要如何活下去。但我內心深知如果用拖車載牠去布里斯托，一趟車程要三小時，牠絕對撐不了那麼久。於是我做了決定。當獸醫們告訴我牠已經走了時，我的腦海裡浮現了月亮所傳送給我的一幅美麗畫面：牠正在草原上自由的奔馳。這時我便明白自己做了正確的決定。

## 回溯前世，探究答案

我一直記得瑪德蓮曾經說過，我有一世是美國的原住民，後來我開始研究有關前世的事情。月亮死後，我有很長一段時間一直無法做任何決定。但是，到二〇一〇年時，我的生活發生了許多變化，使我意識到自己在今生無法勇敢向前，必然是某種因素造成的，因此我應該努力找出答案，看看這是否與前世有關。結果，我在做前世回溯時有了出乎我意料之外的發現：

我步下階梯，朝著那座後面透著亮光的門走過去。通過那扇門後，我發現自己獨自佇立在一座小山丘上，我的馬兒則站在右邊。我穿著淺褐色皮革製成的鞋子，上面沒有鞋帶，而是用類似鞋帶的深褐色皮繩綁在腳上。我的衣服同樣是淺褐色皮革做成的，我印象中好像是鹿皮或羊皮。在這一世，我是個男人，當時才十七歲，留者一頭又直又長的黑髮，顴骨突出。此時是白天，正值仲夏時節，地上到處是乾枯的黃草。我的後腦勺豎著一根黑白相間的老鷹羽毛，用皮條綁在頭上。地面附近看不到其他的動物，天色很藍，高空有一隻鳥在翱翔。時間是一七六九年。

當瑪德蓮請我描述我的馬兒的樣子時，我心中充滿著對牠的愛意，以至於哭得無法自已。牠比其他的馬兒都更高大，毛皮是白色的，帶有棕色斑紋，左側的肩膀上有一大塊褐色的斑點。牠的一隻眼睛周圍有一個藍色的圓圈。但在這個時候我還不明白這代表什麼意思，不過我告訴瑪德蓮「牠喜歡肩膀上的紅手印」。牠的軀體上，還畫有其他一些黃色的符號。

牠的名字叫「漢威」，任誰看了都會想要擁有牠，但我告訴瑪德蓮：「牠是我的。」漢威的動作非常敏捷，即使在全速奔馳的情況下，也可以在不到牠身長的距離內立刻調頭，而且牠對我非常忠誠。

我的名字好像叫「艾爾克」，但我有時很難用英語來表達。事實上，有些時候我根本連話都說不出來，彷彿話語到了口中就無法成形似的。我很怕有人會把漢威搶走，因為對我來說，牠就是我的一切。我相信漢威就是月亮。

瑪德蓮問我當時在做什麼，我知道我正在尋找敵人的一座村莊。接著，我腦海裡的畫面迅速向前快轉。我看到自己站在另外一座山丘上，俯瞰著敵方的村莊。那裡的男人正聚集在一起，身上塗著許多顏料。我對瑪德蓮說道：「他們身上的顏料比我們還多。」他們的人數眾多，使我感到害怕，因為我知道如果被發現，一定會被殺。我感覺他們是巢克圖族（Choctaw），而我則屬於奧格拉拉蘇族（Oglala Sioux）。

此時，畫面再度向前快轉。我看到自己騎著漢威，沿著高處的一條山路前進，四周有許多巨石，路面非常狹窄。下一幅畫面是敵人把我拉下馬背，抓住我的雙手。有許多男人圍著我大喊大叫。我不記得我是不是到了敵人的村莊，但當我醒過來時，發現自己被雙手反綁，捆在一根柱子上。那些男人依舊圍繞著我。我看到漢威就在附近，他們正在毆打牠，而且把牠拉過來又拉過去。牠受到驚嚇，後腳立起來，企圖靠近我。

這時，有個人對著漢威大喊。但我一點都聽不懂他在說什麼，因為他們說的是另外一種語言。此時，我前面的男人拿起了一把帶有木柄的大刀，一邊說話，一邊看著牠。突然間，那刀抵住了我的喉嚨，然後我就眼前一黑，失去了知覺。後來，我看見了自己的屍體。我被綁在一根柱子上，喉嚨被割開了。那些男人正圍著我的屍首一邊手舞足蹈，一邊大聲喊叫。漢威大聲嘶鳴，並用前蹄攻擊那個牽著牠的男人。

我感覺自己花了太多的時間偵查這座村莊，我原本應該保護我的村人免於危難，但卻沒有達成任務。我既未依照自己的直覺行事，也沒聽從漢威的意見。如果在牠表現出煩躁不安時，我趕緊離開，也就不會遇害了。

現在場景換成了我們的村莊，我看見父親坐在他的帳篷裡。頭髮斑白的他對我頗為忌憚——他害怕我的能力，不知道我會做出什麼事來。身為酋長的他因為體力日漸衰退，很擔心我會試圖取代他的地位，但事實上我根本尚未做好準備。我根據他那雙烏黑的眼睛認出，他就是我今生的一個男同事（此人好像也很怕我）。我在這次出任務時，父親要我帶其他人一起去，但我不肯，因為我想贏得一位名叫「斑鴿」的女孩的芳心，以便能娶到她。

斑鴿長得很美，她的眸子裡有一抹淡淡的綠，在我們那一族的人當中特別與眾不同。我死後，她嫁給了別人，並且生了三個小孩。此刻，她的臉龐清晰的浮現在我的腦際，但後來變得越來越小，最後終於消失在黑暗中。看見她的臉，我不禁微笑起來。我聽見她說：「請告訴瑪德蓮我認識她，並替我向她打招呼。」

## 去世的馬兒依然在身邊

我做完回溯後，過了兩、三個星期——也就是月亮的忌日前幾天——我在睡前靜坐時，看見自己騎著一匹馬向前奔馳，並感覺到那馬兒的肌肉在我的胯下起伏。我低頭一看，發現自己身上穿著鹿皮服裝，上衣用帶子繫著，上面還畫著藍色的線條。我再往下一瞧，突然整個人像被閃電擊中一樣，因為那時我看見了月亮。我感覺到牠的能量充滿了我的身體，而且我可以確定牠就是我騎的那匹馬。我不知道自己是不是又回到了前世，或者那只是月亮送給我的美妙禮物。無論如何，在那整整五分鐘的時間裡，我充分感受到騎著月亮的美妙滋味。那種自由自在的感覺，以及我心中所感受的愛，簡直無可比擬。我張開雙臂，向前飛奔，心裡充滿喜悅。我一方面可以感受到當時的情景，一方面也可以像觀賞電影似的看著這一幕幕畫面。

儘管月亮已經不在人世，我看不到牠，也摸不到牠，但牠仍然以某種形式待在我身邊，參與我的生命。現在，每當我心情低落時，就會收到月亮傳來的訊息。例如，當我決定要用那次車禍的賠償金買一匹新馬時，就得到了月亮的祝福。我付錢買下那匹阿拉伯小母馬「卡莉雅」時，牠只有四個半月大，身上有一塊端正的星形花斑，但是當我帶著牠回到家時，那塊星形花斑已經成了新月形。我知道月亮至今仍然不斷的敦促著我，要我完成此生的任務，而我也希望能讓牠以我為榮。

## 可以查證的前世記憶

由於我在回溯到那一世的過程中，深受我所看到的景象吸引，於是我針對美國原住民的文化做了許多研究，我發現其中許多資訊和我在回溯時的經驗吻合。舉例來說，我感覺自己是奧格拉拉蘇族這件事是可以說得通的，因為在十七世紀中期到晚期，奧格拉拉蘇族是美國原住民當中最強盛、分布最廣的一個族群。我頭上插的那根羽毛是該族的頭目——酋長或作戰指揮官——頒發給首次出征成功的戰士的勳章。當時我還年輕，所以這一點也可以說得通。

此外，我當時所騎的馬眼睛周圍畫了一個藍色的圓圈，這代表那匹馬視覺非常靈敏。在回溯過程中，我曾經告訴瑪德蓮：我的馬很喜歡「牠肩膀上的紅手印」。後來我才發現，在奧格拉拉蘇族的文化中，許多關於勇士和馬兒的故事或傳說都曾經提到馬兒肩膀上的紅手印，那是「戰爭的疤痕」，很受尊崇。

巢克圖族居住的地區和奧格拉拉蘇族相同，兩者之間經常交戰。巢克圖族的男人作戰時，會在臉部和身體上塗抹鮮豔的顏料，有些人甚至會在手臂和腿部刺上代表部落的圖案。所以我當時才會說：「他們身上的顏料比我們還多。」

最後，也是最令人不可思議的就是：我前世那匹馬的名字漢威，在拉柯塔族

（Lakota）的語言中正好是「月亮」的意思。

賽拉意識到，讓她在生命中無法向前邁進的障礙，是源自於前世。她一直為了當初未曾依照自己的直覺、信任自己本能的判斷而感到內疚。這使她一直懷疑自己的判斷力，也不相信自己能夠選擇正確的職業，或是在日常生活中做出正確的決定。所幸她和月亮能在今生重逢，而且我們透過改寫劇本，設法讓賽拉的前世艾爾克逃脫了，保障族人的安全並娶斑鴿為妻，獲得了幸福。

直到今天，我每次去探訪賽拉和她的馬兒時，總是會看到月亮的身影。牠仍然一直在旁邊觀看我們的療程，並確保賽拉能夠繼續保持自信。

# CHAPTER 8

# 傾聽寵物的心聲，解開前世的心結

寵物企盼我們能夠找回自己的力量，並充分發揮我們所有的潛能。當我們快樂的時候，寵物也就跟著快樂，因此牠們一直很努力的幫助我們放下所有已經不符合需要、限制潛能的事物。我們在生命中遭遇各種挑戰時，很容易就會忘卻自己的核心本質——也就是自我的力量。

我們所遭遇的挑戰可能源自過往的一些事件與情境，例如童年時期同學或家人的批評、不當的對待或負面的暗示等等。這些負面的暗示與批評如同尖利的倒鉤一般，深深刺進我們的心裡，造成痛苦、傷害心靈，並破壞信念。等到長大後，工作上的挑戰和人際關係方面的問題，可能會強化早年形成的自我認知，以至於我們變得越來越沒有力量。這顯然與自我懷疑這個議題有關，但我覺得其中還有更深層的原因。我認為在這個過程中，我們的信念所賦予的力量一再的被削弱，或一點一滴慢慢的流失，以至於我們和「我是」（I AM，亦即我們每一個人內在的神性）逐漸分離，越來越忘記了「我們原本就很完美」的事實。

## 人與動物之間的共通點

## ——瑪利亞和丹尼（馬）

下面這個案例非常有意思。它充分顯示了一個女孩和一隻動物之間的緊密連結。他們的經歷非常相似，令人不可思議。想必他們是刻意在今生重逢，互相支持，讓彼此都能夠療癒傷痛，並重新找回自己的力量。

### 很難親近的馬兒

我應邀去探視一匹名叫「丹尼」的種馬。牠最近出現了一些很奇怪的症狀，不僅咳得很厲害，還會叉開前腳，不停喘氣。而且只有夜間牠待在馬廄裡時，才會發生這種情況。之前，獸醫認為這是屬於粉塵過敏之類的毛病，沒什麼大不了，但屢次治療後仍然不見效。後來發現丹尼有輕微感染的現象，但程度應該不足以讓牠如此難受。另外一個讓人不解的地方是：丹尼除了身體上的不適之外，心情似乎也很沮喪。

我在遇見丹尼前，就已經看過牠的毛髮樣本。當時，我發現牠有一世曾經死於一場發生在穀倉裡的火災。牠現在的年齡正好和當年喪命時相同，而在這個時間點，牠也剛好出現咳嗽的症狀。我去看丹尼時，牠的主人問我可不可以也花點時間看一下負責照顧牠的女子瑪利亞。在我的印象中，把丹尼轉介給我的獸醫朋友曾經告訴我，年近三十歲的瑪利亞是在幾年前被丹尼主人的家人所收留的。我快要抵達丹尼的馬廄入口時，立刻感應到牠和瑪利亞之間的連結。

先前他們曾經警告我：丹尼會把不受牠歡迎的訪客趕出馬廄，而且牠很討厭獸醫，也不喜歡打針。於是，我極力安撫牠，告訴牠我非常尊敬牠，是來幫助牠的。瑪利亞很會照顧丹尼，她溫柔的哄著牠，要牠不用擔心，還幫牠抓癢（丹尼很喜歡人家這樣）。丹尼的美麗鬃毛有如瀑布似的垂在高貴的頸項上，牠的胸膛雄壯厚實，四蹄孔武有力，令人不敢小覷。然而丹尼一看到我，就跺腳而且齜牙咧嘴的朝我撲了過來，想要捍衛屬於自己的空間。我必須承認，這情景實在有些令我卻步！

丹尼的威儀讓我心生敬畏——牠真是一匹氣勢不凡的馬。在我極力透過心靈向牠傳送愛的訊息後，牠才允許我觸摸，並幫牠抓癢。慢慢的，牠終於開始和我溝通。

## 透過共通點，一起療癒彼此的過往傷痛

起初，丹尼「告訴」我，牠和瑪利亞之間有一些共通點。我不明白牠的意思，於是便詢問牠的主人，後者也證實了牠的話。我在觀察丹尼和瑪利亞之間的互動時，看出他們不僅有很深的連結，彼此也相互影響，彷彿正在為對方進行深層的療癒，透過彼此之間親暱的肢體接觸，驅趕自己前世的夢魘。我原本以為丹尼是從小就被牠現在的主人養大的，所以我不知道牠有什麼悲慘的過往，後來才發現丹尼和瑪利亞有非常類似的經歷。

我為丹尼做了「靈魂復原術」，將牠在前世那場可怕的大火中受創並失落的靈魂碎片找回來。我的腦海裡浮現出牠在前世時那栩栩如生的樣子，然後就觀想自己把失落的碎片「吹」進牠的體內，而牠也勇敢的接受了。

之後，丹尼的反應讓瑪利亞非常驚訝——牠不但變得平靜許多，眼神也顯得較為柔和。接下來，我們討論了之前採行順勢療法的獸醫所開立的幾種處方，也討論我將如何和那位獸醫合作，綜合各方的意見進行治療。

然後，我把注意力轉到瑪利亞身上。她原本很不願意參與這個療程，但看到丹尼如此配合，不僅願意讓我接近牠，還欣然接受我的治療之後，瑪莉亞便同意了。

在接下來的療程中，瑪莉亞展現了不可思議的勇氣，釋放了她積壓已久的情緒。我運用神經語言學（NLP）的技巧，以意象和色彩來操作。我先請瑪利亞選擇一個意象，來代表此時此刻的她，接著再請她與這個意象溝通。這種方法可以幫助人們將痛苦的情感具體化，並使療程能快速進展。我看得出來，瑪莉亞的內心有很深的痛苦。她也承認自己很難和別人交談或連結，只有在談論有關馬兒——尤其是丹尼——的問題時，她才覺得比較自在。於是，後來當我們一直無法改變那個代表恐懼的意象時，我便請丹尼來幫忙。憑藉著丹尼的智慧、建議和力量，瑪利亞終於逐漸有勇氣去面對那個象徵恐懼的意象——這個意象顯示她有一段極為不堪的過往——並且慢慢有了進展，開始釋放她的恐懼和嚴重的無力感。

後來，我們開始運用意象法來處理瑪利亞的各個脈輪。當我們連結到她的太陽神經叢——這個部位與自信心有關——時，她險些昏過去。她的臉色變得很蒼白，整個人好像當場縮小了。之前我使用這個方法時，從來沒有人出現這麼劇烈的反應。但在丹尼的幫助下，我們終於把那些可怕的負面意象，轉化成閃閃發光的正面意象，而這些意象也立刻對瑪利亞的能量產生了影響。當我們討論這些意象的變化代表的意涵時，她顯得越來越有自信，後來透露了她童年時受到的屈辱與凌虐。這些遭遇摧毀了她的自我意識，癱瘓她的力量。在瑪莉亞開始有勇氣，面對那些象徵恐懼的事物後，她才意識到或許可以用新的角度來看待自己；也才意識到或許她遠比自己所認定的更有價值、更有能力。

後來我和瑪利亞討論她可以去接受訓練，成為一位馬術教練。這是她一直很想要做的事，但由於她認定自己不可能通過訓練，至今仍不敢提出申請。我倒覺得，她如果真的成了一位馬術教練，一定很瞭解學生在自信心方面的問題，懂得如何適切的安撫學生，為他們打氣，因為她自己就是過來人。

在她的療程結束後，瑪利亞也告訴我，丹尼在從前幾個主人那裡所遭受到的悲慘待遇。我明白丹尼沒有告訴我這件事，是因為牠希望瑪利亞能夠理解牠所謂的「共通點」的深層意涵。

## 相約轉世的靈魂

### ——珍和小灰（貓）

以下是我幫一位名叫珍的女士所做的溝通。珍和丈夫之間有很嚴重的歧異，因為他很討厭貓，硬是要珍讓她名叫「小灰」的貓咪睡在農場的穀倉裡，不肯讓牠睡在家裡。

珍越來越感到挫折。她認為丈夫不瞭解她的想法，也無法體會動物們的需求。她一直很努力的想讓小灰快樂，但卻偏偏無法解決這個難題，這也讓她越來越自責。

## 傾聽內在的聲音

真是一隻漂亮的貓呀！每次溝通時，我總是希望能用一個字或一個片語來總括我的感覺，而小灰給我的感覺是「力量與目標」。牠的能量非常強，而且牠顯然決心要找到你，並引起你的注意。我感覺你在這件事情上別無選擇。我雖然同意你所說的話——牠的視力和聽力確實不是很好，但牠知道該如何運用貓兒們擅長的伎倆，所以牠其實過得很好。我想牠的視力、聽力變差，是因為小時候營養不良，或是得過傳染性貓鼻氣管炎（cat flu），因而身體比較虛弱所致。

小灰要教你一門很重要的功課，那就是：你要相信自己的直覺、聆聽你內心的聲音。我感覺牠現在必須跟你在一起，因此你在這件事情上不要有任何罪惡感，否則就是在浪費你的能量！你要接受這個不可避免的事實——這隻貓需要和你在一起，讓你能從牠身上學到目前必須學習的功課。小灰想告訴你的是：牠希望你能夠重新找回自己的力量。這段時間你可能會受到許多刺激，但即使面對家人和朋友的反對，你都必須挺身而出，捍衛自己的信念。我知道剛開始這樣做時，你可能會覺得有些孤單，但當你記住自己是誰、要做什麼的時候，你就會吸引到目前所需要的那些人、環境和動物。

我們每一個人都在改變，而且是很深層的改變——連我們的DNA都在變。但並不是每一個人改變的速度都一樣，我們都必須允許以自己的速度和方式來改變。我知道這聽起來有點像是在說教，但小灰很希望我告訴你這些事情！牠很希望牠能使你重新獲得力量。牠雖然感官有缺陷，但還是能過得很好。牠希望你也能更信任自己的感覺，在做任何事前，先問問自己有什麼感覺。牠也希望你明白：如果你聽從自己內在的聲音，就不會走錯方向。

## 既定的同行者

小灰在此時此刻進入你的生命，並不是巧合，這件事對今生的你相當重要。我感覺你們有許多世曾經在一起，而且正如你所說，牠的確覺得你是屬於牠的，但我寧可說你是牠既定的同行者！小灰希望你能表現出最好的一面。

我注視牠的眼神時，看到你們曾經有好幾世一起在埃及生活。此刻，牠告訴我：你前世一直掌控你的伴侶，這個問題一直沒有解決，所以才會延續到今生。你是不是曾經覺得現在的伴侶傷害了你的自信心？我看到小灰曾經是埃及神廟裡的聖貓，也曾經和別人一起當過祭司，所以牠兩種滋味都體驗過。牠說當時你的手曾經受傷——在這一世，你的手是否有過任何毛病？這很可能是因為你前世曾經放棄自己的權力，或是被人奪權的緣故。

我感覺你正在盡力照顧小灰。你可以去找一位順勢療法的獸醫談一談，也可以考慮給小灰一些順勢療法的藥方，不一定要給牠打預防針。牠在照片上看起來非常健康。我認為小灰的體質很強壯，所以你不必太擔心自己能為牠做什麼——事實上是牠想幫助你！

我感覺小灰很喜歡在農場裡四處走走逛逛，鍛鍊牠的感官，所以我真的不認為你有什麼好擔心的。牠看起來很能自力更生，也很瞭解你們彼此的需求。

我們必須瞭解：我們的靈魂都是相約轉世的。我們感覺最難相處、最不容易連結的人，其實往往能夠讓我們看見自己內心必須被療癒的創傷。珍和她丈夫之間的關係，必然是受到前世權力鬥爭的影響，只是他們自己不一定能察覺罷了。他們今生再度相遇，就是為了要完成他們的靈魂未竟的契約，解決彼此之間的問題。

# 轉世成為聾狗的原因

## ——蘿拉和哈利（狗）

下面這個案例很有意思。其中，有一隻很可愛的寵物，自願一出生就變成聾子。這和牠前世的創傷有關，因為牠當時親耳聽見牠的主人發生慘劇的聲音。這個案例再度顯示：在我們出生之前，我們的靈魂就已經做了承諾和約定。

### 耳聾的狗兒

「哈利」像一陣白褐相間的旋風般，吹進了我的治療室。牠邁著瘦長的腳，興奮的四處跳躍，看起來像是一隻踩著高蹺的傑克羅素梗犬。牠一副洋洋自得的模樣，跟我們在一起也顯得很開心，但無論我對牠說什麼，牠都沒有反應，因為牠生下來耳朵就聾了。不過，牠可以透過心靈「聽到」我說的話，而且牠很高興自己終於能夠和我對談，說明牠為什麼會發出那些惱人的哭聲。

牠那可愛的主人蘿拉表示，哈利獨自在家的時候似乎沒什麼問題，但只要她在家，而哈利又被關在屋裡的某個地方——例如廚房裡——的時候，牠就會開始抗議！但如果牠能看到整個屋子裡的情況，就會平靜許多。彷彿牠只有在能看清屋裡的動靜時，才會比較開心。

我想這或許和牠耳聾有關，因為我發現我那隻已經快要失聰的老梗犬「提柔」，現在也變得很黏人，只要一下子沒看到我——例如，當我走到隔壁房間或去上廁所的時候——就會叫得很哀怨。唯一能夠讓牠停止吠叫的方法，就是讓牠跟我一起上廁所，所以你應該可以想見我在家裡簡直毫無隱私可言！我感覺哈利和提柔都是因為聽不見主人的聲音，覺得自己無法好好的守護主人。

我也感覺到哈利雖然外表看起來無憂無慮，但內心其實很在意自己有沒有善盡職責。當牠終於鼓起勇氣，讓我看到牠前世的創傷時，我才發現牠當時的父母就是現在的主人，也是牠的靈魂伴侶。在我們溝通的過程中，我終於逐漸明白牠為什麼要回到他們身邊。

## 再也不願聽到慘叫聲

在我們溝通的前幾天，蘿拉曾經作過一個惡夢，夢見自己正被人追殺，而且感覺有人會拿著大刀恐嚇她、砍殺她，使她遭到慘死。她的伴侶也有好幾個晚上夢見自己被人追逐，因而嚇得醒了過來。但在哈利告訴我他們在前世所共同經歷的創傷前，我並不知道這些事情。

哈利最初表示，沒有人會相信牠所說的話，也沒有人能瞭解牠有多麼想保護蘿拉。牠說他們有一世是柬埔寨人。當時的柬埔寨是由某個政權——聽起來像是波布政權——所統治，經常發生大規模的種族屠殺事件，而哈利則是一個出了名的愛撒謊的男孩。為了博取別人的注意，他常常誇大其辭，因此沒有人知道他說的究竟是不是真話。當我把這件事告訴蘿拉時，她說她這一世也認識一個很喜歡耍「狼來了！」詭計的男孩，讓她很受不了。

有一天，哈利衝進家中——當時他們住的是茅屋——大喊，宣稱仇敵的部落即將來襲，他們必須趕快逃走。但由於他過去說了太多的謊話，他的父母並沒有理會。然而，就像「狼來了」故事裡的男孩一樣，這次他說的是真話。

接下來就發生了可怕的事：哈利的父母被人用大刀砍死了，而哈利聽見了他們死時的慘叫聲。從此，哈利再也不想聽見那樣的聲音，所以才會選擇轉世成為一隻耳聾的狗。當我轉述哈利所說的話，以及我所看到的景象時，蘿拉的情緒變得激動起來，腦海裡也開始浮現了一些畫面。我請哈利向蘿拉顯示他們當時的模樣和家中的陳設，讓蘿拉也可以感應到當時的狀況，和我一起來改變那個結局，徹底療癒前世的創傷。

哈利的身體語言很有意思。當牠在描述那些可怕的情景以及牠的感覺時，牠坐在我的正對面，目不轉睛的看著我，很努力的要進入我的心靈，讓我「聽見」牠所說的話。等到蘿拉加入我們，並開始想像哈利顯示的情景時，牠又立刻跑到蘿拉的前面，開始注視她的臉。

## 觀想新的結局

接著，哈利又引導我和蘿拉觀想新的結局：他們一家人聽從了哈利的警告，逃到了安全的地方。我在一旁跟隨著蘿拉，沒有說出自己看到的情景，因為我想確定蘿拉能夠從哈利感應到他們要如何逃脫的訊息。最後的結果是：他們一家人設法從茅屋的後門溜了出去，並用最快的速度逃離追兵。由於哈利過去為了不想被他的父母或村裡的人逮去幹活，常常找地方躲起來，因此對所有適合躲藏的地方都瞭如指掌。哈利帶著家人前往一處沼澤，在水裡躲了很長一段時間，最後終於逃脫，並且到了一座較大的村莊，受到了村民的歡迎，得到了庇護。

蘿拉做完後，整個人感覺輕鬆許多。我請她專心體會這種感覺，將它擴大，並謝謝哈利的幫忙，同時告訴牠：牠真的是一條很棒的狗，而且非常非常的勇敢。

如今，哈利變得平靜許多。牠雖然仍想要保護蘿拉他們，但已經不再像從前那麼焦躁不安。蘿拉和她的伴侶都表示，他們的心情也變得比較平靜，而且很高興知道哈利是如此的關心他們。

以下是這一章的最後一個案例。這個故事更進一步闡釋這一章的主題，讓我們明白：我們都是多次元的存在，而且每一個人都很特別。

## 解開前世的心結
### ——辛西亞和波尼多／班恩（馬）

我第一次遇見辛西亞和波尼多，是幾年前的事了。「波尼多」是一匹暗紅色的漢諾威馬，被訓練來從事高級的花式騎術表演。這也是為什麼辛西亞會買下牠的原因。然而，讓辛西亞非常挫折的是，波尼多的表現並不如預期。牠偶爾會展露這方面的天分，但接著就會「煞車」（這是辛西亞的形容）。

我在我的第一本書《愛的交流》（*An Exchange of Love*）中曾經提到波尼多的故事，因為牠是第一匹教我如何運用觀想乙太水晶進行療癒的馬（在前面貝兒和費歐娜的案例中，曾經提到這種方法，可以用來改善馬和主人的背痛現象）。

我第一次去看波尼多時，牠非常的緊張。由於牠這一生已經數度易主，因此牠擔心我可能是另一個買家。從那時候到現在，我們已經做過好幾次溝通，每次都像剝洋蔥一樣，一層一層更加深入，後來牠終於鼓起勇氣告訴我們事情的真相。辛西亞很喜歡波尼多，但她卻一直無法重現他們之間曾經有過的輝煌時刻，再度享受那種人馬合一的美妙感覺，因此越來越感到氣餒。

以下所描述的是我和辛西亞之間，一次非常深層的前世療癒經驗。這次經驗使我們逐漸解開波尼多的前世之謎，並看到馬兒與主人之間深刻的連結。

## 同一匹馬？

當辛西亞用電子郵件把「班恩」——她之前養過的一匹馬，曾經使她受到重創，也讓她很悲傷——的照片寄過來時，我很驚訝的發現班恩看起來很像波尼多。我先前曾經和她提過，牠們說不定是同一匹馬。但經過這次溝通後，我們才明白了其中的意義，也發現波尼多是多麼想要療癒過往的創傷。

我在開車前往馬場的途中，曾用心電感應的方式請波尼多盡量協助我們。同時，我也告訴牠：我是真心想要幫助牠排除障礙，使牠真正能夠享受和辛西亞在一起的生活。因此，當我抵達馬場的時候，牠看起來非常快活，似乎迫不及待的要展開這次的療程。一開始時，牠要我請辛西亞注視牠的背，看看那裡是不是有任何需要處理的地方。但是，當辛西亞伸出雙手放在牠的背上時，牠卻把耳朵往後豎，很不高興的要我告訴她只需要用眼睛和直覺就好了，不必動手！

後來，辛西亞看出了一些問題，於是波尼多要我請她觀想騎在班恩背上的模樣。當辛西亞這樣觀想時，波尼多開始大動作的伸展牠的背脊。接著，牠又要我請辛西亞用意念進入過去從班恩背上摔下來時受到重創的部位，並傳送寬恕的訊息給班恩和她自己。辛西亞輕而易舉就做到了，這時她背上的疼痛似乎減輕許多。以下是辛西亞對這次療程的描述。我們從中可以看出她一直愛著她的馬，而且很想瞭解我們和寵物之間的連結究竟有多深，以及寵物是多麼希望能夠療癒我們。

辛西亞曾經學過「頭薦骨療法」，她在描述我們所做的前世回溯過程時，也提到了這種療法。這種方法運用的是人體天生的自我修復能力。頭薦骨系統內部有一種規律性的振動，就像潮汐一般，在體內所有的組織當中微微的流動起伏。任何一種會擾亂我們的健康和快樂的因素，都會妨礙這種流動，形成某些特定的能量模式。頭薦骨療法就是運用溫和的手法解除這些模式，使我們的身體能夠處理並療癒這些模式所導致的身心疾病。

辛西亞對這次回溯過程的描述非常詳細而生動。其後，她和波尼多的改變也十分令人驚訝。

## 過世的愛馬來幫忙

當瑪德蓮表示我們將會逐一檢測我的脈輪系統，看看會有什麼意象出現時，我便悄悄的請我那匹過世的愛馬「飛飛」來幫忙，後來我感覺牠的能量來到了我的左肩上方。

我看見我的海底輪是一個紫色的漩渦，放鬆而穩定，形成了一條往外的隧道。我的臍輪是黃綠色的，似乎正逐漸接近我，看起來又大又明亮；但是當我想要細看時，它就開始往後退，形成了一個紫紅色的漩渦。接著，我看到了一隻母獅的鼻子和頭部，背景是一片黃色。到了太陽神經叢時，我看見各式各樣、五彩繽紛的顏色。這時，波尼多突然輕輕的把頭靠在我的肩膀上，彷彿抱著我一樣，讓我覺得很舒服。後來，我看到一片明亮的粉紅色光芒，似乎要把我吸進去似的，接著中央綻開了一朵又一朵的紅玫瑰，讓我充滿了被愛的感覺。來到我的心輪時，我看到一片紅色，開滿了大朵的紅花，並且有一陣黃紫色的霧氣緩緩升起，接著又出現了一陣白霧，使我感到全身發冷。

這時，我的另外一匹馬兒「伊萊莎」，從一個紅色與粉色夾雜、呈漩渦狀的能量中現身，叫我要抬頭挺胸，接著又用牠的鼻子觸碰我的手掌，陪了我好一段時間。伊萊莎的能量非常強大，我看到一匹小馬躺在牠脖子旁，小馬抬起頭看著我。我知道那匹小馬就是我，因為伊萊莎曾經告訴我和瑪德蓮：我在前世曾經是牠的孩子，而牠來到今生就是為了給我母愛，並為我打氣。這時，波尼多出現了，彷彿是在檢視我的狀況一般。我看到一隻獨角獸在向我點頭，彷彿是在告訴我一切都很順利，同時我也看到了更多的紅花。此外，還有一匹白馬用牠的第三隻眼碰觸我第三眼，讓我感覺非常美妙。此時，我觸目所及盡是一片白色的景象，並且看到一座水晶般透明的山谷。

到了喉輪時，我看到一隻矮矮壯壯的灰馬，牠有著一個發光的白鼻子。接著我又看到一捆繩索，而且那匹灰馬的後腳立起來，顯得既激動又驚慌。這時霧氣開始籠罩大地，灰馬的眼裡出現了一條隧道。我透過隧道裡的金光看見幾座遠山、幾輛馬車和幾匹馬，並感覺我正騎著一匹黑馬越過天空。此時，我眼前的景象突然一下子變得支離破碎，而波尼多正站在我的面前，用頭靠著我，彷彿想保護我免於什麼東西的傷害，但我請牠走開，因為我知道無論那是什麼，我都必須去面對。

## 吊死的前世

接著，我看到一張黑白照片，上面有一名男子吊死在一座石砌的鐵路橋上。當有人把那條繩索綁在一輛車子上，將屍體拖上橋時，我知道那個吊死的男子就是我。那一世的我，在心灰意冷、走投無路之際，用繩子綁住自己的脖子，從橋上跳了下去，讓我的馬兒們感覺牠們被遺棄了。

此時，大天使麥可透過瑪德蓮，要我用真理之劍斬斷我和那一世的連結，因為這樣的連結，讓我在今生一直裹足不前。於是，我便依言拿起真理之劍，砍斷我脖子上的繩索。繩索一斷，我立刻感覺自己好像跳進了未來，正在做一些我從不曾夢想過的事情，感覺非常快樂。這時，沐浴在金光中的波尼多向我走了過來，要我對未來有信心。我感覺自己正沿著一條金色的隧道，迎向金色的未來，一切顯得如此美好。

為了緩解我脖子上僵硬疼痛的感覺，瑪德蓮用一個水晶音缽為我做聲音療癒。大天使麥可扶著她的肩膀，引導她敲出適當的音調和音頻。那具有撫慰效果的療癒能量進入了我的脖子，讓我感覺很舒服。

幾天後，我開始感受到這個療程的影響。我對自己當年遺棄馬兒一事深感悲傷與懊悔，我很想知道我離開之後牠們的遭遇。瑪德蓮建議我試著改寫前世的劇本，想像當年我在馬兒的勸說下，放棄了自盡的念頭，最後帶著牠們開心的離去。儘管我知道改寫前世劇本是很有效的一種方法，但由於我的悲傷與悔恨是如此深沉，因此我懷疑這對我是否有效。然而，無論如何，我還是點亮了一根蠟燭，開始想像新的結局。令我驚訝的是，當我想像自己帶著馬兒迎向一個比較美好的未來時，居然感到非常開心。

大約六個星期之後，我的脖子又開始有些僵硬與疼痛。我想這應該是上次改寫前世劇本時，尚未解決的問題所致，於是便和瑪德蓮聯絡，請她幫我做遠距治療。

## 抗拒騎術的深層原因

兩、三天後，我帶波尼多去參加一項花式騎術比賽。波尼多的溜蹄技巧絕佳，但在花式騎術方面則尚未充分發揮潛能，還有許多有待改進的空間。但問題是牠似乎也沒有什麼意願要改進，經常表現出抗拒的態度。我知道波尼多是一個高度進化而且非常敏感的靈魂，因此牠這種矛盾的行為與心不甘情不願的態度，總是讓我感到很困擾。

之前，我曾經請了一位很棒的花式騎術教練來指導波尼多。騎術教練不僅教了我們許多東西，而且也非常博學，更有著無窮無盡的耐心，但我的直覺告訴我「兩人成伴，三人不歡」，於是我只好很無奈的停止了這項訓練。我內心深知我和波尼多需要時間獨自相處，解決我們之間的一些根本問題。後來，我還是繼續訓練牠，但盡量根據自己的直覺來騎，不給牠造成太大的負擔。偶爾我會感受到人馬合一的滋味，但大多數時候，我們之間還是有隔閡和障礙。我知道必須設法解決。

那一天，當我載著波尼多前往花式騎術比賽的會場時，我知道這次我的心情和以往不同，可以冷靜的旁觀，並且保持中立，不再一心只想求勝或得分。到了比賽場地時，波尼多並不想進去，彷彿會怯場似的。後來，當我們開始花式項目的競賽時，騎著牠就好像駕駛一輛拉住手煞車的車子一樣！

然而，在開車回家的路上，我並沒有因此而不高興，事實上我反而挺開心的。因為在我旁觀牠的表現時，終於意識到我們之間的隔閡，是源自波尼多還是班恩的那一世，現在該把這個問題做個了結了。就在我這麼想的時候，我的脖子上的疼痛感正好也蔓延到背部。那裡正是我第一次從班恩的背上摔下來的時候，受到重創的部位。

我請瑪德蓮和波尼多溝通。結果一開始她的腦海裡便浮現出一團糾結的毛線球，這代表波尼多在班恩那一世的感受。波尼多很快就承認牠把那一世的生活搞砸了。牠向我們解釋當一匹馬有多麼辛苦，既不能決定要去哪裡，也不能決定要做什麼。牠說牠覺得很挫折，因為人類不瞭解馬兒們有多麼敏感，有時會做出讓牠們痛苦、不開心的事。例如，當班恩還是一匹小馬的時候，就被主人強行斷奶了，使得牠非常想念母親。接著，牠被送到另外一個地方，和另外兩匹馬關在一起，變得很依賴牠們，但不久牠又被迫離開牠們，從愛爾蘭被送到英國。長大後，牠受到粗暴的對待，後來又再度被拍賣，受到了創傷。

在班恩四歲時，我買下牠。當時我還以為牠是一匹非常獨立而且有自信的馬，不瞭解牠內心的創傷和不安全感，因此我沒有給牠足夠的支持，以至於牠內心的挫折與憤怒終於爆發出來，造成了兩次嚴重的意外事件。但我從沒有因此而討厭班恩，也一直希望能夠找到解決問題的方法。

我們的療程進行到這裡時，波尼多要我傳送大量寬恕的訊息給班恩和我自己，然後又請我清除牠和班恩身上的一些問題（在頭薦骨療法中，這類問題被稱為「模式」）。事實上，波尼多還勇敢的閃到一邊，讓我可以接觸到班恩的本體，處理班恩的問題。

波尼多問我：如果受到他人不公平的批判，會有什麼感覺？並請我想一想過去面對這類事件時的處境。我說，當我騎在牠背上時，只希望能夠獲得那種人馬合一的快感。如果能夠這樣，我並不在意別人怎麼看待我們。我只想和牠共同體驗我們合為一體、往前奔馳時，那種詩意盎然的感受罷了。

## 改寫前世劇本，療癒心結

後來，瑪德蓮建議我們改寫劇本，要我想像自己回到那次意外發生之前，跨上班恩的馬背，開始騎著牠，但這次過程非常順利而愉快。這點我很容易就做到了。之後我覺得我和波尼多已經盡釋前嫌，彼此之間已經有深刻的瞭解。

我請瑪德蓮替我問波尼多：牠希望我怎麼騎牠？波尼多說，牠希望我用先前想像自己騎在班恩背上時的那種方式來騎牠。

接下來那幾天，騎波尼多成了一件樂事。我聆聽自己內心深處來自班恩的聲音，慢慢的增加波尼多的訓練強度。剛開始時，我只訓練牠慢步和快步。我有一種很強烈的感覺：在要求波尼多跑步前，必須先想像自己騎著班恩跑步的情景。

當我第一次想像自己騎著班恩跑步的畫面時，波尼多跑得不是很順暢，換句話說，牠腿移動的順序不對。這讓我嚇了一跳，因為這正是牠之前的主人堅持要讓牠動脊椎手術的原因。於是，我開始觀想自己繼續用頭薦骨療法治療波尼多，然後再想像自己騎著牠跑步的情景。這次牠跑步的方式就對了，不過還是有進步的空間，因為牠左韁和右韁的平衡感差很多。後來我觀想牠在做花式跑步時，左右韁的表現都很好，但是我卻一直感覺自己變成一個賽馬騎師，騎著班恩跳過柵欄。我因此相信班恩必然有一世曾是一匹賽馬，而牠身上仍保留了當年所受的傷害。除此之外，我也很確定當時我就是牠的騎師——難怪我的身體時常這裡痛那裡痛！

瑪德蓮來訪過了整整一個星期後，我知道我已經可以開始要求波尼多跑步了，於是帶牠到外面去訓練。當時我雖然頗有自信，但內心還是不免有些焦慮，因為當年我在訓練班恩跑步不成後，我們之間的關係就開始惡化。現在波尼多也有這方面的問題。我們在慢步或快步時都能融為一體，那種滋味非常

班恩和波尼多（右圖）長得非常相像

美妙，因此我幾乎不想要求波尼多跑步，以免破壞那種感受。所以這次訓練對我們雙方來說，都是一項嚴格的考驗。我努力的保持信心，溫柔的要求牠開始跑步，結果令我非常驚訝。牠跑起步來不僅非常有力而且姿態美妙，只需要一點微調就可以達到花式跑步的水準。這讓我們都感覺不可思議。

我下一個目標就是要在正式比賽時，達到這樣的水準。不過，到目前為止我所學到的最重要的一項功課就是：當我們在一起的樂趣開始減少時，我就必須再度回到班恩身上，清理那些沒有被療癒的創傷。

我的馬兒引導我經歷了一些奇妙的事情，並喚醒了我的靈性，使我的生命完全改觀。

我每次回想自己治療辛西亞和波尼多的過程時，總是對這些療癒方法的效果感到驚訝。波尼多讓我們看到牠作為班恩的那一世，使所有相關者在前世的問題都能夠得到解決，同時也使得牠和辛西亞，都能獲得他們今生所渴望並需要的寬恕與療癒。

Your Pets'
Past Lives
&
How They Can
Heal You

# CHAPTER 9
# 寵物安樂死後，去了哪裡？

Your Pets'
Past Lives
&
How They Can
Heal You

「死亡不是結束，而是朋友。
我們的軀體只是遺留在生命沙灘上的貝殼。
在光的海洋上，
靈魂與愛的小舟永不沉沒。」

——蘿絲．德丹（Rose de Dan），《一個療癒者的故事》（*Tales of a Healer*）

安樂死這個主題確實非常令人難受，也是我經常被問到的一個問題。我覺得有必要列入這本書中，因為它顯然和每一個擁有寵物的人有關。我一直覺得，要不要讓寵物安樂死，是一件讓人非常痛苦而且難以決定的事情，我每次想到自己心愛的寵物過世的情景，就很有罪惡感。我還記得我家有一位務農的老友，曾經用很冷靜、務實的口吻說道：「凡是活著的動物，就一定會死！」

小時候，我認為這種態度太過冷酷無情，但現在經過了寵物們的教育後，我已經不這麼想了。我那隻過世的狗兒枕頭，是我最重要的動物導師之一。牠教導我，不要因為牠們的死亡而有罪惡感，因為那只是在浪費自己的能量。牠告訴我：對於死亡這件事，動物們的瞭解遠勝於大多數人類。牠還強調動物——就像人類一樣——死去後，並非從此消失。所以，牠如果聽到我使用「因癌症而逝去」這類的字眼，就會數落我。枕頭讓我深刻體認到：死後所有的病痛都會得到療癒，而死亡只不過是存在的另一個面向，幾乎就像是走進另外一個房間一樣。

## 愛的能量永不止息

### ——小桑（山羊）

當我試著要向我的兒子，解釋我們心愛的那隻名叫「小桑」的山羊，因為年紀太大而且身體疼痛不堪，所以我們不得不讓牠安樂死時，我便向枕頭求助，請牠指引我使用最適當的措詞，讓我的兒子明白小桑——他最好的朋友，也是他的貼心知己——以後將無法以肉身的形式和我們在一起。

我告訴兒子：寵物活著時，我們有責任照顧牠，盡量讓牠過得很好。但如果我們真的關心牠，我們也有責任讓寵物死去的時候能夠好好的走。我確信寵物會告訴我們，牠們是不是已經準備要離開人世了！

在小桑的例子當中，我很確定牠已經做好準備了，但由於牠和我的兒子感情很深，有許多個人情感的因素牽扯在其中，因此我需要一些指引。於是我便請教了一位很棒的動物溝通師茱莉．狄克（Julie Dicker，她現在已經去另外一個世界，從事更重要的療癒工作了）。茱莉和小桑溝通後，認為我們確實應該讓牠接受安樂死。

後來，我告訴我的兒子：他和小桑的關係是如此緊密，因此無論發生了什麼事，他們之間的愛將會永遠留在心中。在小桑生前的最後一個週末，我們度過一段美好的時光，給牠許多擁抱，並讓牠吃一些特別而精緻的東西。在我們做了有關安樂死的決定後，可愛的小桑顯得非常開心，甚至比平常更喜歡人家抱牠。我兒子看起來確實已經理解這樣做的必要性，更何況他也不喜歡他的山羊朋友受苦。事實上，當最後的時刻到來，他似乎比我還能控制情緒。他真是個勇敢的孩子。

我記得很清楚，在小桑接受安樂死後，我還得強自鎮定下來，去幫一個朋友的忙。當時，我的朋友正在上一堂能量療癒的課程，需要我來當她練習的對象。她完全瞭解我當時有多麼難受，但她說可以幫我做做看，或許會對我有幫助。當我閉著眼睛躺在她的治療椅上，忽然嚇了一跳，因為我清楚的看見小桑從牠死去時躺著的地方，跳了起來，跑到院子裡又蹦又跳，像是一隻過動的瞪羚，模樣非常年輕。小桑年紀沒那麼大的時候，只要一高興或激動起來，就會拚命搖尾巴，而此刻出現在我腦海裡的牠，就是這副模樣。我相信小桑這麼做，是為了要告訴我牠很高興能夠擺脫那老邁病痛的身軀。此外，我也感覺到小桑和我兒子，前世曾經在一起。一旦到了適當的時機，他們就會再度相遇。我的兒子至今仍然可以感覺到小桑的存在，遇到事情時也會徵詢牠的意見。小桑對他的愛將會永遠留在他的心中。

從事我這一行的人，不免會面對一個難題：人們總是很難決定要不要結束寵物的生命，因此他們總是會問我：他們的寵物是不是已經準備好迎接死亡？這當然是一件很傷感的事情，我也完全能夠體會他們的感受。當我和那些寵物的靈魂溝通時，牠們總是很明確的表達自己的意願。同時，牠們往往會擔心主人因此而太過難受，所以會像小桑那樣，設法安慰主人，讓他們明白死亡是自然的過程。在我溝通過的寵物當中，從來沒有任何一個責怪牠們的主人做出安樂死的決定。牠們總是一再提醒我，要把視野放高放遠，從靈魂的角度來看待生命，就像枕頭所說的，沒有什麼東西是會消失的！

不過，當我們心愛的寵物過世時，也必須允許自己有悲傷的權利，把痛苦表達出來。畢竟在寵物離開後，我們難免會想念牠們生前帶來的快樂，並因此感到傷心。我希望下面這些案例，可以幫助許多人稍微減輕心中的痛楚。

## 如何判斷寵物準備好了嗎？
### ——瑞秋和艾蜜莉（狗）

我曾經去過瑞秋家，當初原本是要和她的馬兒溝通，但一到她家，卻受到她那兩隻身軀龐大、性情非常友善的洛威拿犬的熱烈歡迎。瑞秋提到其中一隻狗「艾蜜莉」時常發病，情況很嚴重，而且次數越來越頻繁。她很擔心，希望能設法改善。後來，她再次打電話來，請我過去看看艾蜜莉，因為牠又發病了，情況非常嚴重，並且撞到了頭，傷勢不輕，使得他們全家人都非常難過。瑞秋想知道為了艾蜜莉好，要不要讓牠安樂死？

當時，我覺得艾蜜莉還沒完全準備好，雖然牠「告訴」我，牠在這次發病期間曾經靈魂出體，也覺得自己越來越難維持肉身的形式。在我看來，艾蜜莉會發病，是為了讓牠的主人先做好心理準備，迎接不可避免的結果。幾個月後，我果然接到了瑞秋打來的電話。她說艾蜜莉在那個週末發病了許多次，此刻正躺在車道上，看起來已經快要不行了。於是我就和艾蜜莉心靈溝通，結果牠很快就告訴我，牠已經準備要走了。因此，瑞秋打電話請獸醫來處理。後來，艾蜜莉深深吸了一口氣，離開了世間。

在這個過程中，艾蜜莉「告訴」我，牠希望瑞秋一家人能夠慶祝他們共同度過的日子，希望他們能夠圍繞在牠身邊陪伴牠，宛如在瞻仰牠的遺容一般。牠向我顯示了一些畫面，上面有著鮮花和蠟燭。於是我便向瑞秋說明我所看到的景象，並建議她不妨舉行一場儀式，讓孩子們可以表達他們對艾蜜莉的愛。後來，瑞秋寄了一張照片給我，其中顯示艾蜜莉躺在那裡，周圍鋪滿了玫瑰花瓣和孩子們畫的圖片。瑞秋的另外一隻狗和黑貓，也和牠躺在一起。艾蜜莉看起來神情平靜肅穆，彷彿正在享受眾人對牠的禮敬。

我和艾蜜莉做心靈溝通時，看到牠正俏皮的擺動著屁股，搖著短短的尾巴，連全身的毛都起了波紋，看起來非常開心！我把這一幕告訴瑞秋後，她說艾蜜莉只有在年輕一點的時候，才能這麼做，那時牠連整個身體都會擺動。可以想見，他們一家至今還是很懷念牠在世時的模樣，但他們仍然可以感受艾蜜莉的存在，並因此而感到安慰。

此外，我覺得讓孩子們能有機會貢獻一己之力，用畫圖的方式來紀念他們心愛的艾蜜莉，是非常健康而可貴的做法。

有一派人士，主張我們不應該太過眷戀已故的親友或動物，應該把他們放下，讓雙方都能邁向下一個階段。我認為這種說法，就某方面來說是正確的。我也相信寵物和我們自己，都可以變成多次元的存在，自由的進出各種實相，也可以換一具新的軀殼，回到所愛的人身邊。

## 傳送喜悅的畫面

### ——貝拉（馬）

在另外一個案例中，一匹名叫「貝拉」的俊俏馬兒，同樣傳送了一些訊息和影像來安慰牠的主人。

貝拉有兩個主人，他們都很愛牠，並悉心的照顧牠。然而，貝拉的腳已經瘸了很長一段時間。儘管牠的主人盡力請獸醫來治療，但牠的狀況還是不斷惡化。我應貝拉的一位主人——她很願意從靈魂的角度來看待事情——的要求，為牠做了一次溝通，發現他們前世曾經在一起。貝拉這位主人和牠的連結顯然很深，一旦牠死去，她想必會非常難過。然而，當她再度和我聯絡，告訴我另外一位主人終於決定要讓牠安樂死，並問我的意見時，我還是覺得這樣做是對的。於是，事情就這麼決定了。

到了獸醫預定要執行的時間，我正帶著我的狗在外面散步。這時，我開始觀想自己傳送療癒的白光，給貝拉和牠那位可愛的主人，為他們加油打氣。過了預定的時間後，我的腦海立刻浮現貝拉在一片美麗無比的草原上嘶鳴騰躍、盡情馳騁的畫面。牠看起來是如此的開心快樂、自由自在。我回到家後，立刻寫了一封電子郵件給牠的主人，告訴她我所看到的情景。結果她很快就打了一通電話給我，說貝拉停止呼吸後，她也立刻感應到同樣的畫面，因此也親眼目睹了貝拉在解脫痛苦後的喜悅。儘管這種事情還是很令人傷感，但我們仍忍不住替貝拉感到高興。

## 來自靈界的陪伴

### ——羅娜和福洛多（狗）

以下這個案例顯示，我們從靈界所接收到的愛具有多大的力量，同時也不禁好奇當我們所愛的人或寵物過世時，有誰會在那裡等著迎接並指引他們。故事裡的這隻狗，在死後受到很好的照顧。這對我們來說，真是一大安慰。

## 與癌症搏鬥的狗兒

我應邀拜訪一位名叫羅娜的女士。她希望我能和她那隻老梗犬「福洛多」溝通。福洛多三個星期前過世了。前兩、三年的時間，牠一直在和癌症搏鬥，還曾經動過兩次手術，切除體側的一個大腫瘤。不幸的是，後來牠的癌症又復發了，而且來勢洶洶，但牠卻再也沒有體力承受漫長的開刀過程，於是羅娜決定讓福洛多安樂死。牠活了十五歲，一生都備受主人寵愛。

當我坐在那裡，看著福洛多的照片，有幾張是在牠去世前一天照的，另外一張是在獸醫抵達前一個小時照的，我對牠那張可愛的毛毛臉上的表情頗有感觸。

羅娜一直自責，說她或許應該讓福洛多接受第三次手術，並說福洛多一直默默的承受著痛苦，表現得非常勇敢。從牠的眼神裡，我可以感覺到牠一直在掙扎，但為了羅娜的緣故，牠決心要繼續撐下去，能撐多久算多久。我感覺如果再讓牠開一次刀，將會是一件很殘忍的事，也不認為牠能禁得起麻醉的過程。當我看著牠生前最後一張照片時，可以從牠的眼神裡看出牠已經受夠了折磨。

我和福洛多做心靈溝通時，羅娜請我問牠，生前有沒有感到痛苦？福洛多告訴我，一開始時，牠只覺得腫瘤讓牠的行動不太方便，但等到腫瘤越長越大時，牠就開始感到疼痛了。接著牠又說，牠的死亡來得正是時候。當我說出這句話時，全身都在打顫，彷彿有寒流穿過我的體內一般。每當這個時候，我就知道自己說的是千真萬確的事實。

我很高興能把福洛多的訊息轉告給羅娜，希望她能因此而稍感安慰，明白自己做了正確的事情，不僅符合福洛多的需求，也忠於她自己的直覺。

## 在靈界等待的黑狗和老人

在我和羅娜說話的時候，我的腦海一再浮現一隻黑狗的模樣。牠比福洛多還大，感覺是隻母狗，正搖著尾巴，繞著福洛多打轉。除此之外，我也看見福洛多正做著許許多多牠年輕力壯時常做的好玩動作。羅娜一一證實了我描述的景象。當她想到福洛多從前那些滑稽誇張的動作時，忍不住笑了起來。羅娜告訴我，福洛多過世後，她一直都沒有什麼感應，讓她覺得很難過；但她的兩個孩子，倒是都曾經清楚夢見福洛多，牠就像過去那樣，繞著他們奔跑嬉戲。因此，他們相信福洛多如今在靈界，過得既健康又快樂。

福洛多告訴我：羅娜由於太過疲累、悲傷的緣故，她的氣場已經整個破了。於是，我建議羅娜嘗試一些藥方，同時也告訴她在這次療程後，我會試著為她修補並強化她的氣場。

羅娜說，她想知道誰會在靈界迎接福洛多，於是我便告訴她那隻黑狗的事。她說，那是他們幾年前養的一隻狗，名叫「曼蒂」。牠非常熱情，性情也很溫和。羅娜很高興曼蒂能在那裡陪伴福洛多。

不過，事情並未就此結束。後來，我又看到一雙手捧住福洛多的頭，那是我見過最溫柔、慈悲的一雙手，應該是老人的手，因為我看到手指有輕微的關節炎，還戴著一個刻有姓名縮寫的老式印戒。最重要的是，這雙手具有驚人的能量，雖然是雙男性的手，看起來很陽剛，但卻散發出無比慈祥的力量。這雙手相繼傳送到福洛多和羅娜身上的愛，讓我感動得差點說不出話來。當我向羅娜描述那雙手的特徵，以及那只印戒的模樣時，羅娜說：「那是我爺爺！」

羅娜的爺爺聽到自己被認了出來，高興之餘，又發出另外一波宛如海嘯般強大的愛的能量給她。我感受到這充足的愛，感動得哭了起來。羅娜也和我一起坐在那裡啜泣，為了福洛多能夠受到這麼好的照顧而高興。

有時，我也會碰到與以上三個案例正好相反的情況。有些寵物會很明確的告訴我，牠們還沒準備好離開世間，因為牠們覺得還有工作未了，需要更多的時間去完成，因此必須留在世間。總而言之，我們必須努力去傾聽寵物的心聲，瞭解牠們的需求。我曾經看過一隻名叫蘿絲的狗，牠原本已經要被送進診療室接受安樂死，但牠的主人卻對此仍有疑慮。於是，我向幾位整體療法的獸醫請教牠的狀況該如何處理，他們建議採取另類療法。結果，後來蘿絲完全康復，開開心心多活了兩年，後來才安詳的獨自死去。可見得，當初牠主人的直覺是完全正確的。

然而，即使我明白這些道理，當我的寵物老去，大限已至的時候，要讓牠們安樂死仍然是一個很困難的決定。我也知道對所有面臨這個問題的人來說，這都是一件很不容易的事。但我希望讀者們在看了這本書後，會稍感安慰，因為寵物一定會設法轉世回到我們身邊，或在靈界陪伴我們走完人生的旅程，為我們加油打氣。

# CHAPTER 10

# 用靜心觀想，和寵物溝通

你在和寶貝的寵物溝通時，務必要謹記「愛」與「尊重」這兩個原則。請尊重寵物，絕對不要低估牠們的智慧。寵物往往能夠感受並理解我們之間的深層連結，這幾乎可以說是靈性上的連結。寵物不僅瞭解主人的身心問題，也願意幫助我們，讓我們盡可能過著健康快樂的生活。寵物在這方面的表現，總是令我讚歎。

寵物經常會透過牠們的行為模式，來反映主人的生活狀況，甚至可能會因為同情、想幫助我們，替主人承受病痛。所以，主人當然也應該留心寵物的狀況。我們如果能夠學會傾聽寵物的需求，並且聽從牠們的勸告，就可以深入的瞭解自己。請記住：寵物是極其複雜的存有——雖然牠們是以狗、貓、天竺鼠等這類平凡的形式存在——而且牠們非常關心我們。

# 和寵物溝通的十大要訣

1.用非常尊敬的態度，請寵物允許你和牠們連結。無論是把這個請求說出來，或是放在心裡用想的都可以。剛開始，你或許會覺得這麼做很奇怪，但請放心，牠們一定會「聽見」並瞭解你的意思。請記住：寵物懂得的東西，遠比我們所想像的多！

2.在開始試著傾聽寵物的「話語」前，請你先安靜的坐好，並與你的心靈連結。如果能夠閉上眼睛更好，這樣就可以更心無旁騖。試著感覺你的心，如同一顆美麗的氣球開展，並想像自己從心中射出一條銀色或金色的線或光束，和寵物的心連結。

3.如果你才剛開始做，想要練習一下，那麼不妨先從最簡單的問題著手，例如，問牠們喜歡吃什麼、最好的朋友是誰，或者牠們最喜歡哪一個地方。手邊不妨準備一本筆記簿和一枝筆，隨時記下你心裡浮現的畫面，這可以逐漸增強你的心電感應能力，建立這方面的自信。

4. 請記住：我們都具有這方面的能力。只要你開始寫下你腦海裡浮現的影像，就可以向自己證明這一點。在你嘗試溝通時，腦海裡可能會浮現寵物的照片或類似一段影片的畫面，或者是聲音、氣味、味道等屬於身體上的覺受。

5. 如果你的身體上出現任何不舒服的症狀（比方說當你的寵物牙齒有問題時，你也覺得牙疼；或當牠們的脊椎需要調整時，你也出現背痛的現象），請務必要觀想你藉著呼吸把這些感覺排出體外、進入大地裡面的情景，以免受到寵物的影響。

6. 請想想看，這種不舒服的感覺是不是來自身體上某個一直被你忽略的部位？這可能是你的寵物提醒你要照顧自己的身體。

7. 早上你還沒起床，寵物就已經知道你的心情如何了。因此，請你盡量和牠們討論你的煩惱——牠們是很好的傾訴對象。把你的煩惱告訴你的寵物，可以讓牠們瞭解你的世界裡發生了什麼事情，也有助於減輕牠們對你的憂慮。否則，當牠們直覺到你有問題時，可能會以為是牠們的錯。更何況，只要你把煩惱說出來，寵物或許就可以幫助你，讓你比較容易想出解決問題的方法。

8. 擬定一項行動計畫，來幫助你的寵物解決問題，並且去實踐它。這將會進一步深化你們之間的連結，並建立彼此之間更深的信賴。

9. 把每一次你和寵物溝通時得到的訊息或意象，都記錄下來，因為當時你不明白的一些訊息，到後來可能會逐漸顯露其中的意義。如果你是用別人的寵物做練習，你把這些記錄下來後，可以告訴那些寵物的主人，讓他們來證實你憑著直覺接收到的訊息。

10. 勤加練習！要有信心，到時你將會體驗到你和寵物之間前所未有的安定、和諧與愛。請記住：只要我們允許自己傾聽，就可以向寵物學到許許多多的事情。

最後一個訣竅特別重要，所以需要在這裡多加強調：你必須真誠的感謝寵物對你的耐心及愛，並且給你這麼多的支持。這是最重要的一點。寵物對你的支持非常可貴，能夠幫助你重新連結到這奇妙的宇宙、你個人的神聖使命，以及我們人類共同的神聖任務。

## 從激烈的情緒中抽離

和動物進行溝通時，我們總是很容易變得很激動，尤其是在我們必須做出攸關牠們生死的決定時（就像前一章描述的那樣）。為了能夠做出有效的溝通，並對問題的解決有實質的幫助，我們必須有能力抽離，盡量避免陷入過於激烈的情緒當中。在和寵物的靈魂溝通時，你只要去回想你們生活在一起、被牠所愛的那種喜悅與幸福的感覺就可以了。

在進入下一段之前，我那隻可愛的狗兒「溫妮」提醒我要告訴你們，牠在我一門動物溝通工作坊中，送給學生的禮物。這個工作坊的上課地點絕佳，是隸屬於「蹄聲」（Hoofbeats）慈善機構的一座收容所，專門收容那些被遺棄、被忽視或沒有人要的馬兒。這些馬兒的表現都很好。牠們會幫助學員想起他們應該如何與馬兒溝通，並且為他們加油打氣、提升自信心。通常每位學員在面對一匹馬兒時，都會各自接收到牠給學員的訊息。這是一件很光榮的事，尤其是在那匹馬曾經受到殘忍或無知的虐待。每當這個時候，這些馬對人類所展現出的寬恕和悲憫，總是令我感到驚訝。

有一次上課時，我要學生們和一匹非常出色的老馬「燦燦」溝通。牠被送到這座收容所來才兩、三天而已，任誰都看得出來牠已經生了重病。牠先前的主人顯然對牠很好，只是已經無法再照顧牠了。但他們因為沒有足夠的知識，所以似乎並沒有意識到牠究竟有多痛苦。我感覺燦燦快要死了，而且牠做好了準備。於是，我們便盡量對牠傳送愛與療癒的能量。

當我們開始分享各自從燦燦那裡所接收到的訊息時，班上有些學員並沒有感應。這時我的狗兒溫妮——牠經常擔任我的「助教」——便打斷我的思緒，告訴我牠希望我們大家都回到教室去，因為牠有話要告訴我們。結果後來牠給了我們一些指導，幫助我們解決那些學員的問題。溫妮要我們觀想，我們的心前面有一個類似美國原住民捕夢網的網子，是以水晶織成，可以幫助我們過濾掉所有的痛苦，在那些痛苦尚未深入我們的心之際，就將它們捕捉起來，讓我們能有效運作，對那些馬兒們有所幫助。這種做法並不是為了讓我們不去感受牠們的痛苦或同情牠們的境遇，而是為了要讓我們能夠傳送並接收到最大量的愛。在運用了這個觀想之後，大家都變得堅強許多，能回到燦燦身邊，繼續給牠愛與療癒的能量。

溫妮

然而，好心的收容所主任雪倫，還是決定在兩天後讓燦燦安樂死。有些學員因此覺得我們辜負了燦燦的期待，沒有把牠的病「治好」，也沒能「拯救」牠的性命。

但是，我覺得能夠親眼目睹燦燦最後幾天的生活，知道牠被這麼多人所愛，這已經是一大幸事，而且我們或許已經幫助牠以牠所應得的方式優雅而安詳的辭世了。寵物並不希望我們為牠們悲傷痛苦。牠們只希望我們記住一起共享的歡樂時光，並紀念彼此相處時的日子。就像人類一樣，寵物如果在靈界看到我們悲傷難過，就會不太敢和我們溝通，以免擾亂我們的心情。因此一定要記得：愛是我們最重要的回憶。

## 和寵物溝通的方式

究竟，我們要如何和寵物溝通呢？我在下面列出一些可行的方式。你可能會發現自己在溝通時，使用了其中一種或好幾種方式。事實上，無論哪一種方式都可以，這並沒有好壞對錯之分。我和不同的寵物溝通時，採取的方式也不同，這完全要看對方想要讓我瞭解什麼事情而定。在溝通時，保持開放的態度，讓你的腦海裡自然而然浮現各種印象。請你相信自己的直覺！

## 運用直覺的能力

1. **靈視力**（clairvoyance）：這個字在字面上的意思是「看得很清楚」，指的是透過你的心靈之眼，看見各種意象和畫面的能力。包括你憑著本能、毫無來由，即可得知過去、現在或未來的某個事件的能力。

2. **超感應力**（clairsentience）：這個字在字面上的意思是「感覺得很清楚」，指的是你憑著直覺，就可以得知對方身心感受的能力。

3. **超覺聽力**（clairaudience）：這個字在字面上的意思是「聽得很清楚」，指的是透過你的心靈之耳，聽見話語的能力，也被稱為「心電感應」（**telepathy**）。當你用這種方式聽見一些話語時，可能感覺像是從你自己的嘴巴裡說出來的，因此會讓你懷疑自己是否真的聽見了什麼，但只要你多練習，就會對自己的能力越來越有信心。

4. **超嗅覺力**（clairalience）：這個字的意思是「聞得很清楚」，跟其他幾種形式比起來比較不常見，但有些人確實可用這種方式與動物溝通，並且接收到很清楚的嗅覺印象。

5. **超味覺力**（clairambience）：這個字的意思是「嚐得很清楚」，指的是你憑著直覺感受到某種味道的能力，例如，當你問一隻貓牠最喜歡的食物是什麼時，你的嘴巴裡立刻可以感覺到魚的味道。

## 凝視寵物生前的照片

你也可以看著寵物生前的相片、項圈或骨灰，來感應牠的前世和來生。這種場面或許會讓你非常傷感，但如果你能看到寶貝寵物將來會以什麼模樣轉世回到你身邊來，那將會是一件很棒的事。這時，如果你有一種想哭的感覺，請你試著開心起來，並記住：你想哭是因為你正再度感受你們之間的愛。我曾為那些失去寵物的人做過無數次溝通，他們都希望自己的寵物有靈魂，而且有一天會再度降生世間。當我把那些寵物的訊息轉達給牠們的主人，撫慰他們的心靈時，我的心中總是充滿了虔敬與謙卑的感覺。但是，如果你能夠靠自己和寵物溝通，那種力量會更強大。

幾年前，我常常畫一些動物肖像。偶爾，有些寵物的主人會請我把他們寵物生前的模樣畫下來。這時我就會面臨很大的壓力，一定把牠畫到最像的程度。我記得當時我往往會凝視那隻寵物——有時是狗，有時是其他動物——的照片，努力捕捉牠的特徵。令我驚訝的是，這時我往往可以感覺牠的靈魂進入我的能量場，讓我很快就把那肖像畫好了。這樣的事情發生過許多次，而且肖像上的眼神，都具有一種我先前無法捕捉到的深度，感覺上就好像是那寵物透過我現身，向牠的主人訴說他們之間不渝的愛。我經常因此而感動到不能自已，有幾次眼淚甚至差點掉到畫紙上，把肖像弄髒！在作畫時，我通常都是用粉蠟筆。有時我會感覺好像有人在引導我把那些顏色塗抹在畫紙上，而我只是驚訝的看著那些色彩自動融合與流動。

你可以自己拿照片來試試看。這時，你不妨播放一些輕柔的音樂，把電話關掉，並將你寵物的照片放在膝上。如果照片上你寵物的眼睛看起來很清楚，那就再好不過了。請你發射出一條愛的繩索，想像它進入你的寵物心中，接著再想像你透過那條繩索，把心中所有的愛都傳送給牠，並回想你曾經與牠共度、並且感受到你們有深切連結的快樂時光——例如，最讓你回味的一次散步或兜風，或者餵牠吃牠喜歡的食物的時候。

你也可以坐在寵物生前最喜歡躺的地方，看著牠的照片——但目光不要聚焦，讓你的視線彷彿穿過照片一般——請你的寵物向你顯示牠來生的樣子，然後看看有沒有任何影像自然的浮現在腦海裡。你可能會出乎意料的看到和寵物完全不同的一種動物，請不要認為這只是你個人的想像或一廂情願的想法罷了。你只要把自己看到的景象記下來，注意後續的發展就可以了。事情不見得會很快就會發生，因為靈界的時間很難用世間的標準來衡量，所以你要耐心留意事情的發展。

## 感應前世的連結

在和寵物溝通的時候，你也可能會感應到你前世和這隻寵物的連結。如同前面幾章的案例一樣，寵物前世很可能是一個人——這是為什麼你們今生的關係如此密切的原因。因此，你如果看到類似的景象，也無須驚訝或懷疑。和寵物溝通的訣竅，就是要保持開放的心態。只要你的所作所為是發自內心的愛，就不會出太大的差錯。萬一你所感應到的是和前世創傷有關的負面影象或感覺，你不妨發揮創意，想像自己可以如何加以改變，使得結局較為快樂、圓滿。

我們的心靈具有非常強大的力量。只要我們做事時懷著正向的意圖，就可以有很大的成就。你要留心不同事件間的連結，要注意你所感應到的前世資訊，也許影響或反映了你今生的狀況。請記住：我們真的可以用療癒前世創傷的方式，來改變並改善我們現世的處境。

# 脈輪療癒法

正如前面幾章所提到的，脈輪療癒不僅具有奇妙的效果，也可以讓我們知道自己當下深層的情緒狀態。我們的寵物體內當然也有類似的脈輪系統，可以用同樣的方式來處理。你可以試著逐一檢測你或寵物的七個主要脈輪。當你把意圖專注於某個脈輪上時，讓腦海自然而然的浮現出某個影像、顏色、話語或感覺。

如果這時浮現出來的東西是陰暗或負面的，你就觀想自己用白光照射它，把它變成正向的。你在做這個練習時，不妨把每次看到的東西記錄下來。這可能會很有意思！這些東西可能會產生變化，但只要你保持開放、好奇的態度，並留心那些看起來並不平衡的事物就沒有關係。

這種運用意象和象徵手法的方式，可以幫助我們克服自己無法「看到」什麼或得到什麼資訊的焦慮。我們的潛意識很善於運用意象。潛意識總是會適時的提供我們所需要的意象，讓我們能夠自我療癒，並且看到寵物的需求。

在走完各個脈輪後，請你務必要觀想某種形式的白光——例如，一個美麗的光球

——讓你自己和寵物沐浴在其中。你也可以把每個脈輪想成是一朵美麗的花，並選擇每一朵花綻放的程度——是含苞待放還是燦然盛開——以決定你各個脈輪敞開的程度。這將有助於你在與外界互動時，維護並保存自己的能量，因為接收別人的情緒和感覺，可能會耗損你的能量。

我們之前已經介紹過脈輪系統，這裡再很快的複習一下。

1. **海底輪**：位於脊椎的尾端，與安全感和紅色有關。
2. **臍輪**：位於骨盆中央，與自我的認同、自我價值的確認和性欲連結。通常與橘色有關。
3. **太陽神經叢**：位於肚臍上方，與自我價值、消化系統和黃色有關。
4. **心輪**：位於胸膛中央，與對自己的愛、心臟、肺臟，以及粉紅色、綠色有關。
5. **喉輪**：與脖子、嘴巴、自我表達和天藍色有關。
6. **第三眼**：位於額頭中央，是我們的直覺所在。與眼睛、耳朵和靛藍色有關。
7. **頂輪**：位於頭頂，與個人力量以及我們與靈性的連結有關。相關的顏色通常是紫色或白色。

請不要低估脈輪觀想法對你或寵物的效力，它真的可以改變非常深層的能量。你做得越熟練，就可以越快察覺你的身體或其他方面需要平衡的地方。

## 召喚你的動物指導靈

美國原住民相信，每一隻動物都有牠的「藥」。所謂藥，指的是每隻動物可以和我們分享的力量或特質。因此，我們除了可能有人類的指導靈之外，也可能會有一些自願前來和我們感應，幫助我們的動物指導靈。動物指導靈或許是曾經和我們共度一生的寵物（就像我心愛的狗兒枕頭），但也有可能是我們從沒在世間接觸過的動物。有時也會有一些非常少見、完全不在我們預期之中的動物，會前來指導我們。

要召喚動物指導靈，你必須屏絕所有會讓你分心的事物（例如電話）。如果你喜歡的話，可以點一根蠟燭，幫助設定意圖，並且製造一些特殊的氣氛，你也可以播放一些輕柔的音樂。然後找一張舒服的椅子坐下來，雙腳穩穩的踏在地板上。不要翹二郎腿，因為這樣會妨礙你的能量流動。把你的雙手放在膝蓋上，手心向上。做幾次輕柔緩慢的深呼吸，排除所有的雜念。每次吐氣時，讓你自己的身體更放鬆。然後開始向你的動物指導靈發出請求，請祂來到你身邊，或是讓你感應到祂的存在。

之後，你就可以開始留心腦海裡浮現的東西——有可能是一個意象、一個名字，或只是一種好像有某種東西正在接近的感覺。謝謝動物指導靈來到這裡，並且願意幫助你。如果你願意，可以問祂們可不可以幫你解決問題，然後便安靜的傾聽，看看你心中會浮現什麼。這時，你要相信你的直覺。記住：我們可以用這種方式，鍛鍊自己原本就具備的直覺力。你可以把感應到的東西都寫下來。當你覺得該結束的時候，一定要謝謝你的指導靈來協助你。

之後，你在作夢時，可能會繼續接收到更多的資訊。這是因為我們的意識頭腦（conscious mind）和邏輯思維，會妨礙我們接收並處理這個層次的資訊。

# 結語

# 不斷轉世，回到
# 我身邊的寵物們

「我們每一個人都是一顆種子，種在我們這個世界現今的振動中。當我們在生活中遭遇挑戰，並因此成長，進而提高自己的頻率時，我們就從內部提高了世界的頻率。正如同一滴染料加到一杯水裡一樣，每一個人都會影響到世界整體的色調。即使我們獨自住在一座山頂，當我們創造出喜悅的氛圍時，就會發出一種頻率，使別人更容易感到喜悅。當我們創造出和平的氛圍時，我們也會震盪出一種能量，有助於終止戰爭。當我們給予愛時，就會讓別人更容易去愛，包括我們遇見的人，以及永遠沒有機會認識的人。因此，我們的性情與特質遠比所做的事情更有意義。」

——羅伯特．史華哲，《你的靈魂計畫》

在面對失去寵物的傷痛時，如果能明白我們和寵物之間的連結是永恆的，就可以從中得到安慰。由於人類和大多數動物的壽命長短不同，因此我們這一生中，很可能會有許多機會面臨寵物過世的情況，這是一件令人哀傷的事情。所幸我們的寵物如果願意，可以隨時回到我們的身邊來。下面我將講述我目前的寵物如何來到我身邊的故事，作為本書的結尾。這些寵物不僅在我的工作上給了我許多靈感和幫助，牠們的生命歷程也一再讓我想到我的個案，以及每一個人所必須面臨的問題。我和牠們相處的經驗，讓我確定我們之間有很深的連結。我也因此深信死亡之後還有生命，只不過是進入另外一個次元罷了。

# 我和貓的三世情緣——三隻薩帕（貓）

## 第一隻薩帕

有一天，我站在鎮上的郵局前面排隊，隊伍很長，行進緩慢。這時我突然聽到有人說：「那些小貓真可惜呀！如果沒有人要養的話，牠們八成就得被淹死了。牠們看起來有點兒野——不知道牠們的媽媽怎麼了？」說話的聲音來自隊伍的最前端。我探頭一看，發現那是一個退休的男人。他正在和一個年紀相仿的女人聊天。於是，我便離開隊伍，走了過去，問他有關那些小貓的事情。他說，牠們被遺棄在一座院子的矮樹叢底下。當時正值隆冬，天氣嚴寒，他很驚訝牠們居然還活了這麼久。我問他：能不能讓我去看看牠們？因為我願意收養其中一隻，說不定還可以幫其他幾隻找到主人。於是那人就帶我過去。

我們在樹叢底下搜尋那幾隻小貓的蹤影時，突然看到一團閃電般的銀色條紋，一個毛茸茸的小傢伙站在那裡，挑釁的鼓起身體，發出嘶嘶的聲音。牠身上的斑紋非常美麗，眼睛也大得驚人，讓我一見鍾情。於是我趕緊跑回家，找一個箱子來裝牠和其他那幾隻小虎斑貓。但是，當我回到那座庭院時，牠們已經不知去向了。起先我還以為有人帶走牠們，但後來突然看到那隻銀色的小貓從院子一株灌木後面探出頭來窺看。經過我多次呼喚並出聲安撫

薩帕

後，牠終於試探性的走了過來，慢慢的越走越近，最後終於讓我把牠抱了起來。我把牠放進外套裡保暖，然後便帶牠回家了。

當初，我如果知道這隻可愛的小貓後來的下場如何，或許就不會想收養牠。但現在我已經明白我們的生命中發生的各種事件，無論好壞都是事先經過我們的靈魂同意，也是我們與他人共同創造的結果。看到宇宙如此精心的安排我們的靈魂再次相遇，看到寵物如此努力的回到我們身邊，繼續陪伴我們走完靈魂的旅程，真是令我讚歎不已。

那隻小貓——我幫牠取名為「薩帕」——來到我家之後，適應得很好，跟我們很親近。我原先打算等牠年紀夠大的時候，要帶牠去結紮，但我當時的伴侶說服我讓牠維持「完整」的身軀，不要將牠去勢，而我也答應了。如今想起來，真是愚不可及。結果，很不幸的，薩帕後來一直在村子裡四處遊走，劃設地盤，並跑進鄰居家去偷吃貓食並撒尿，造成鄰居很大的困擾。

後來，我終於決定要瞞著我的伴侶，偷偷帶薩帕去獸醫那裡結紮。但在我還沒來得及採取行動前，他就自做主張，射殺了薩帕。這件事讓我非常生氣，因此後來很快的就跟他分手！薩帕是一隻可愛的貓，跟我們很親近，也很信任我們，沒想到卻得到這樣的回報。薩帕的過世以及牠慘死的模樣，讓我非常哀痛。

## 第二隻薩帕

過了幾年後，當我的長子還在唸小學時，有一天他的一個好友告訴他，他媽媽養的一隻貓已經生了小貓。於是，那天我兒子放學後，問我家裡可不可以養一隻小貓，而我也答應要帶他去看看那一窩小貓。後來，我們發現這窩虎斑貓中有一隻銀色的小貓非常可愛，但聽說已經被人訂走了。不過，其他幾隻小貓中，有一隻很吸引我。牠看起來自信滿滿，甚至還忙不迭的爬到我膝蓋上，注視我的眼睛。

牠的眼神勾起了我內心深處的某些回憶，於是，當下我便知道牠就是我要的小貓。我們把牠取名為薩帕，和牠那位美麗的前世同名。牠一到我們家後，就立刻走進屋裡，吐了一大口口水，並對我們家那隻年老的柯利牧羊犬發出嘶嘶的聲音。接著，牠又在貓砂盆裡撒了一泡尿，然後就躺了下來，彷彿這房子是牠的一樣。

這隻薩帕從來不喜歡人家抱——牠只有在牠想要的時候，才會跟我們親近，而且對人似乎總是有些敵意。陌生人如果無視我們的警告，輕率的動手去摸牠，薩帕會先發出低沉的叫聲，然後就突如其來的發動攻擊，往往使得對方受傷流血。至於孩子們，只要他們保持尊重，薩帕絕不會使他們見血，但如果牠覺得孩子們超過了界限，就會加以警告。我們喜歡薩帕的個性，也覺得牠有自己的長處。

等薩帕長到適當的年紀時，我們也特別帶牠去結紮。不過，後來我們發現這並未大幅改善牠對人類的態度，而且牠似乎一直認為牠才是家裡的老大。過了好幾年後，當我學會心電感應的技巧時，我問牠：為什麼脾氣總是不太好？牠的回答簡明扼要，一針見血：「你們把我的蛋蛋割掉了，還要我怎樣？」我試著向牠解釋說，我這麼做只是為了使牠不會重蹈前世的覆轍，但我後來發現，要讓這隻脾氣又壞又古怪的貓瞭解我的想法，實在是很困難的事。

我們和薩帕一起生活了將近十七年。儘管牠有那些小毛病，但我們還是一直很愛牠。可以說牠絕對是我們家的一分子。然而有一個週末，我們發現牠走起路來有些不穩。到了第二天時，情況更加惡化，而且牠的左臉好像有些塌陷，平衡感也變差了，走路時一再跌倒，左眼還會不時開闔，讓人很緊張。我趕緊把牠送到獸醫那裡。他們一致認為薩帕可能是中風了，就開了一些藥給牠吃。很不幸的，牠的情況一直沒有好轉。於是，我們做了當時我們唯一能做的決定。

當我們把薩帕的遺體帶回家，準備將牠下葬時，牠臉上的神情非常安詳，彷彿面帶笑容。我告訴牠，如果能夠的話，請牠以後務必要回到我們身邊來。我也感謝牠和我們共度一生，並且一直以來表現良好。薩帕在世時，非常善於利用牠的鬍鬚表情達意——只要一聞到我們端過來的可口食物，牠的鬍鬚就會展開成扇形，看起來好像一隻海象。

當我對著躺在棺木裡的薩帕說話時，牠的鬍鬚看起來也是這幅模樣。於是，我撫摸著那些鬍鬚，努力的把牠可愛的臉龐烙印在我的記憶中。

後來，薩帕被葬在我們的花園裡的一個地方。那裡曬得到太陽，是牠最喜歡的一個角落。牠的墳墓上，豎著我女兒從義大利帶回來的一面陶匾，上面寫著「小心此貓！」藉以紀念牠的壞脾氣。

## 第三隻薩帕，又名吉薩

薩帕在我們家生活了十七年。牠離去後，我們一家人深感空虛，就連那幾隻過去一直得看牠臉色的狗，似乎也很想念牠。過了兩、三個月後，我向順勢療法的獸醫朋友茱蒂絲提到這件事。她笑著建議我到她的廚房去，看一下角落裡的一只箱子。結果我發現裡面有一窩剛出生的小貓！牠們的母親是一隻毛茸茸的銀色虎斑貓，性情溫馴，牠們的父親則是一隻野貓。我記得薩帕的父親也是一隻野貓。茱蒂絲告訴我，當牠們長得夠大的時候，我可以選一隻帶回家。雖然這幾隻小貓都很漂亮，但其中有一隻公貓特別引人注目。牠的毛色夾雜著銀色和傳統虎斑貓的顏色，身上的條紋和花斑也很美麗。我每次去茱蒂絲那裡看到牠，總覺得牠特別與眾不同。

那一天，我前往茱蒂絲家，準備把牠帶走。結果茱蒂絲一看到我就說：「我希望你做好心理準備——你那隻小貓是個惡棍！」我走進廚房，果然看到那隻小貓正抓著一隻耐性十足的史賓格老獵犬的耳朵不放。剎那間我很強烈的感覺到薩帕回來了——這隻新薩帕顯然擁有老薩帕的自信心，以及那種目空一切的個性。當時，除了薩帕之外，還有一隻小貓無人認養。當我看到我的薩帕親暱的跟牠依偎在一起時，忽然覺得讓牠獨自留下來並不公平，於是我就把兩隻貓都帶回家了。到家後，這隻新薩帕的舉止，就跟老薩帕之前一模一樣——牠對著狗兒們吐了一口口水，而牠們似乎也馬上認出牠來，並知道家裡的權力結構從此又有了改變。

吉薩（新薩帕）

## 變換物種也會回來
### ——底比斯（貓）

**前世是山羊安妮卡**

至於另外那隻小貓，牠到家後只是抬頭看著我，讓我心裡產生一種很奇怪的感覺，接著我腦海裡又有一個聲音告訴我，牠就是幾年前過世的「安妮卡」（我養過一隻可愛的山羊）。之前，安妮卡的靈魂曾經告訴我牠會轉世成一隻貓，並說牠將會是一隻公貓，而且要我依照一個古埃及城邦的名字將牠取名為「底比斯」。牠說牠一直想要體驗當一隻室內寵物、可以在床上依偎著我的感覺；坦白說牠在當山羊的時候，就一直很想這麼做，只是我不答應！

後來，我們決定根據埃及另外一個地區的名字，把新薩帕命名為「吉薩」（Giza），因為這個字裡面有Z也有A，聽起來和薩帕（Zappa）有點像，可以顯示出牠們之間的關聯。我兒子很喜歡這個名字，因為牠聽起來很像「怪胎」（Geezer），對這隻古怪的小貓而言確實非常貼切。

後來，吉薩的表現越來越像牠的前世，但對人則熱絡得多，也不像薩帕那麼凶猛。我心想，或許這是因為牠前世的創傷已經得到了療癒。我希望事實真的如我所想的一樣，也希望牠和我們能夠一起度過許多年的快樂時光，不受到太多傷害。

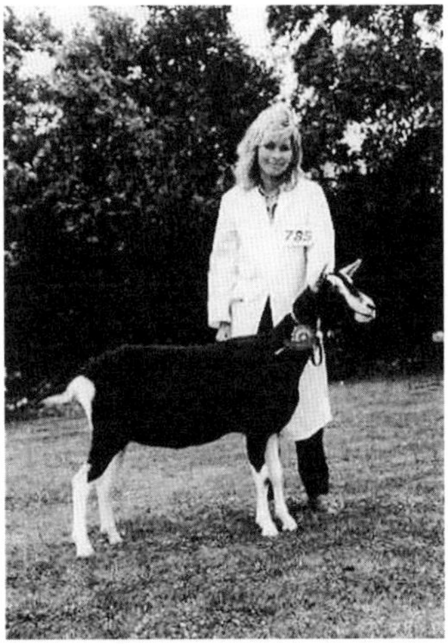
安妮卡

至於底比斯，牠非常黏人，一有機會就緊緊貼在我的胸前，就像從前的安妮卡一樣。我們之間的連結緊密得令人不可思議。

## 獅子的那一世

底比斯的臉看起來很像一頭獅子，而安妮卡的眼珠子也很黃。有一天我終於發現之間的關聯——安妮卡的前世，想必是一隻獅子。

或許，我和牠在前世曾經一起當過獅子。當我想到寵物是多麼的愛我們，才會如此努力的維持我們之間的連結時，往往感動得不能自已。如今吉薩和底比斯已經開始在我的治療過程中，協助我療癒個案。在最近的一個案例中，牠們還幫助了一位曾在前世受過嚴重創傷的人士。

有趣的是，在這次治療中，底比斯一直坐在這位個案的身邊，為她加油打氣。但個案卻說她感覺底比斯用一隻爪子按住她的腳，讓她與地面接觸，然而當她往下面看時，卻覺得那隻爪子不像一般家貓那麼輕巧細緻，而是像獅子的腳掌那般巨大！

吉薩和底比斯

## 留在靈界有更大的能量

很不幸的，在我撰寫這本書時，美麗的底比斯在馬路上慘遭車子輾斃。在這樣令人悲痛的時刻，我們實在很難理解這類的事情為什麼會發生，更何況底比斯還這麼年輕。我們感覺一個生命如此早逝，真是很可惜的一件事。

當我們心愛的人或寵物過世時，我們會非常想念我們之間的肢體接觸，很渴望再度重溫那種感覺。我對底比斯也是一樣。然而，牠的靈魂「告訴」我，牠和我的狗枕頭一樣，發現以肉身的形式存在對牠來說實在是一件很困難的事，因為牠對世上的苦難太過敏感。儘管從外表看起來，牠是一隻時常跟老鼠打得天翻地覆的貓，但我一直覺得牠內心有一部分太過和善，並不適合在這個世界上生存。

底比斯在我的治療室中工作

底比斯說牠在靈界可以擴張自己的能量場，藉以治療並引導更多受苦的人。事實上，牠在只有兩個月大的時候，就已經是個絕佳的療癒者了。儘管牠的死讓我難以承受，但我至今仍然可以感受到牠的存在。我不僅期待牠與我分享牠的智慧，也盼望牠將來與我重新連結。我很喜歡牠的前世安妮卡，但安妮卡也有牠脆弱的一面。

有時候，我們會為了避免承受更多的痛苦，無法或不願意再度敞開心門，但是不妨想一想：寵物所給予我們的愛，是多大的一種福分！無論如何，我絕不想錯過這樣的福分。我希望當我的個案遭遇類似的悲劇時，底比斯會指導我用最有效的方式來安慰他們。牠在進駐我的心房後，給了我這麼多愛，因此今後牠也將永遠留在我的心上。

「貓把爪印留在我們的心上。」

——佚名

## 關心不善溝通的青少年

### ——溫妮（狗）

當我心愛的狗兒枕頭去世時，我有一種感覺：牠離開人世，是為了讓那隻被收容所安置的狗兒溫妮可以進入我們的生命。事實證明，溫妮真的是一隻很棒的狗，而且我感覺牠是我那隻名叫「薇柔阿姨」的可愛狗轉世來的。從下面這個故事，你們就可以知道溫妮有多麼厲害。

有一天，我的兒子坐在餐桌旁做功課，而溫妮則坐在他的椅子下面（牠之前很少這樣）。突然間，溫妮的身體開始劇烈的抖動，讓我非常擔心，因為我從來沒有看過牠這個樣子。我用心電感應的方式，問牠是怎麼回事，牠「告訴」我，我兒子有件事情沒有告

薇柔阿姨

訴我，讓牠很擔心。於是，我便問我兒子。但他就像一般青少年一樣，對我的問題不置可否，只是嘟囔著說他沒事。我鼓勵他把心事說出來，並告訴他，我們真的不能讓溫妮擔心，讓牠的身子抖成這樣。這時，他才終於願意開口。他告訴我，他在準備A級科目時遇到了困難，因此越來越擔心考試的事情。他說完後，溫妮立刻開始搖著尾巴，表情顯得開心多了。

後來，我替兒子安排了課後輔導，現在他的情況已經好多了。每次他碰到不開心的事情或有任何問題時，溫妮一定會告訴我。有一次牠甚至要我不能讓他出門，因為他還沒刷牙。當我問他的時候，他承認確實沒刷牙，並因此對他的狗朋友「告密」的行徑感到不爽，不過還是很高興溫妮這麼關心他。

除此之外，我教授動物溝通課程時，溫妮也會幫忙。牠會幫每一個人「溝通」，有時甚至還會把他們心愛的寵物從靈界帶過來。

每個星期六，大約下午五點五十五分時，溫妮經常會坐在會客室的窗邊，看著窗外的車道，等候我兒子的父親載他回來。牠總是能夠掌握時間，快到六點時一定就位，等待我的兒子返抵家門。溫妮簡直就是和善與關愛的化身。看到寵物對我們如此忠貞，不斷的愛著我們、關心我們，讓我再度為之讚歎。

後來，我也發現我名叫「提柔」的小梗犬是在經歷了漫長的時光後才回到我的身邊來。

# 為我承擔病痛和情緒——提柔（狗）

「無條件的愛會讓你渾身是毛，聞起來像條狗。」

——提柔

我的邊境梗犬提柔堅持，要和我一起接受安娜的頭薦骨療法。牠似乎想坐在我的頭上，但這樣會讓我分心，所以我提議

提柔

瑪德蓮、提柔和溫妮

讓牠到外面去。但出乎我意料的是，安娜卻拒絕了，她說提柔得留下來。先前，我一直很難和提柔溝通，因為我們非常親密，而且我知道牠時常會幫我承擔病痛和情緒上的困擾。這點讓我很難受，因為我不希望提柔因我而受苦，但我知道必須記住這個事實：寵物有時的確會因為對我們太過忠誠，而替我們生病。

儘管如此，我聽到安娜說明我和提柔為什麼會如此親近的原因後，還是嚇了一跳。當時，安娜一邊幫我治療，一邊告訴我：她的腦海裡開始浮現了一些非常奇怪的意象。她說提柔向她顯示：在幾個光年前，我和牠的靈魂就已經在另外一個星球上有連結了。我聽了以後非常激動，很驚訝牠居然在如此漫長的一段時光後，仍然選擇回到我身邊。先前，我總是喊提柔「我的泰迪」，因為牠一有機會就想躺在我的懷裡，並且經常跟在我後面——甚至跟我一起進廁所！

還有什麼方式，比轉世成為一隻很愛被人抱的狗，更能表現牠對我無條件的愛呢？提柔是我丈夫送給我的生日禮物。事實證明，這是我有生以來最棒的一份禮物。

## 動物會自己找主人
### ——哇奇哈（馬）

下面所描述的是，另一隻動物以非常出人意表的方式，鍥而不捨的努力，設法回到我身邊的故事！

有一回，我應邀前往位於達特摩爾（Dartmoor）的一個農莊，去探訪一匹舉止異常的小馬。療程結束後，我不經意的往另外一座馬棚看過去，結果看到一匹年紀尚輕的馬，正縮在馬棚後頭，以桀驁不馴的眼神看著我。牠身上的斑紋非常奇特。我問牠的主人有關牠的事。她說，她才剛在康沃爾郡（Cornwall）一處農莊買下牠，因為當時覺得牠很可憐，不僅身體狀況很差，對人類也很不信任。

我說，牠看起來簡直像是傑克森．波拉克（Jackson Pollock）的一幅畫作，因為牠身上那些令人矚目的色塊，很像是用油彩潑灑上去的。從此以後，我便對這匹受過驚嚇的小馬念念不忘，簡直無法克制不去想牠。牠的樣子日日夜夜出現在我腦海裡，因此，後來我終於不得不打電話給牠的主人（她是個馬商），提出了一個看似很奇怪的請求。我問她：如果有一天牠要被賣了，可不可以把我的聯絡資料拿給新主人，請他們讓我擁有優先購買權？因為我當時正打算搬家，既沒閒錢也沒時間養馬，暫時無法給牠一個家。出乎我意料的是，她說很希望我能夠擁有牠。我向她解釋了我的情況，但她說並不急著賣掉牠，因此會幫我留著。

後來，我的房子並沒有賣出去，我覺得自己實在無法再養一匹馬。於是，我決定打電話給那位馬商，告訴她我覺得那匹小馬應該要有一個能夠讓永遠待下來的新家，但我不知道自己的情況什麼時候才會改變，總不能讓他們一直等下去。

然而宇宙自有安排——電話一打通，我就不由自主的說出了一些我原本沒打算要說的話。等到我放下話筒時，才發現自己已經答應那馬商要付錢買下牠，並且定期支付牠的飼養費，一直到我能夠把牠接走為止。直到今天，我還是不明白事情究竟是怎麼發生的，只記得當時我還忍不住笑了起來，暗自納悶那些話是從哪裡冒出來的。如今想來，這必然是那匹小馬的精心安排之一。

後來，我找了一個人先幫我照顧牠，直到我賣房子的事情比較有譜為止。我問那人可不可以採用自然馬術——由於牠之前的主人以不當的方式對待牠，因此傳統的方法對牠並不管用——給牠一些溫和的訓練，讓牠成為一匹適合騎乘的馬。但不幸的是，牠對自然馬術也很抗拒。於是我就向一位薩滿朋友請教。結果他告訴我，牠之所以如此，是因為我有一世是北美洲印第安人克里族（Cree）的女巫醫，而牠是我的醫療馬。

哇奇哈

因此，我必須用牠的原住民名字來叫牠，牠才會乖乖聽話。當我問我的薩滿朋友，該如何得知牠的原住民名字時，他只說時候到了，我自然就會知道。

不久後的一天，我的腦海裡突然浮現幾個奇怪的字眼——「哇奇哈：雷馬」。於是，我立刻傳簡訊給我的薩滿朋友，而他也證實這幾個字確實是美國原住民的用字。因此，我就把這匹馬取名為「哇奇哈」。由於當時我的財務仍有一些狀況，於是有一天我問一位女個案有沒有興趣購買一匹花斑小馬。她的回答出乎我的意料：「什麼？你是說哇奇哈嗎？」

直到今天，我還是不明白自己當時為什麼會向她提到這件事，因為這位女個案擁有的馬，都是非常聰明的花式騎術用馬，而且她先前已經告訴我，她不喜歡像哇奇哈這樣的「彩色馬」。但顯然哇奇哈自有盤算，因為她後來告訴我：自從她聽我談到有關哇奇哈的事，並且在我的網站上看到牠的模樣後，她就對牠念念不忘。事實上，她有些害羞的承認，當時好像被某種不可知的力量所驅策，每天都至少要上一次我的網站，看看哇奇哈的照片。

我聽了以後興奮極了——我知道她會給哇奇哈一個很好的家，那是我當時無法辦到的事。如今，哇奇哈住在一個很豪華的地方，還有一匹已經退休的可愛的栗色母馬陪伴著，牠唯一的職責是擔任我和牠的主人的諮商顧問。

# 靈魂為什麼會以動物的形式存在？

這個星球上，存在著許許多多不同種類的生物。我相信，所有生物都是集體意識的一部分，而且都會經歷許多次輪迴，不僅可能轉世成為其他種生物，也可能會以各種模樣或振動形式出現，讓我們的靈魂能成長。我也相信，我們需要體驗各種不同層次的振動體，才能夠進化，開啟真正的光體。或許我們有幾世是非常文明而進步的生物，但在其他幾世卻是處於極低頻率的振動形式，完全不想追求靈性的成長。但這樣也沒什麼不好，這都是我們靈魂旅程的一部分。

除此之外，我也感覺靈魂會以動物的形式存在的原因，是為了要體驗那些振動頻率，來學習並經驗生命的不同面向。就許多方面來說，動物的意識進化的程度，似乎比人類更高。這是因為牠們並未像我們人類一樣受到制約，而壓抑或限制自己的本能或直覺。古代的部落會與自然界的萬物溝通，因為他們相信萬事萬物都有靈魂，或是屬於自身的特殊能量。除此之外，他們也會透過心電感應的方式，彼此進行遠距的溝通，因為當時的人普遍相信心電感應，但很遺憾的是，現代的人已經不這樣想了。

人們在做前世回溯時，可以重新和今生伴侶、親友和寵物的前世連結，再現那些令今生感到困擾的情況。一旦人們發現前世與今生的連結，就可以獲得療癒，也可以解決困境。

許多宗教都相信不同的物種之間可以互換，而且所有的物種都緊密相連，不可分割。果真如此，那麼任何一隻動物，都應該能夠知曉牠的環境當中所發生的許多事情，並因此而深深瞭解牠們的人類朋友遭遇到的各種身心問題。如果我們對這個可能性持開放的態度，並回憶起我們從前一度擁有的能力，那麼每一個人都應該能和動物溝通——這種能力不僅不足為奇，也並不困難。然而，在西方所受的教育，都是要我們把注意力放在追求物質的左腦概念和生活方式上。在這種情況下，我們經常不自覺的蒙蔽自己，妨礙了直覺的能力。

無論我們是人類還是動物，大家都各自走在朝向開悟的旅程中。我們要從中學習並享受樂趣。無論是我自己的寵物，還是那些我有幸能與之共事的美麗動物，牠們的表現總是令我佩服。能夠以這種方式和牠們合作，真是我的幸運。我在此要感謝我所有的動物指導靈，這一路上對我的耐心與厚愛，也感謝祂們所賜予我的智慧。我希望，你們也能沐浴在人類永遠的動物朋友所給予的愛與智慧當中。

# 致謝

非常感謝Findhorn Press出版社不斷的支持我，為我出版著作，讓我能夠傳達動物們的聲音與訊息。多謝Sabine、Thierry、Carol、Gail和Jacqui等人的幫忙，也謝謝珍妮・史梅德莉願意為我寫序，她一直是推動我寫作的一股力量。感謝Thea Holly和我分享她的智慧與療癒方法，這些方法對我和我的個案有很大的幫助。謝謝羅伯特・史華哲允許我在書中提及他那本極富啟發性的著作。另外，我也要感謝那些同意讓我在書中述說他們的故事，說明寵物神奇之處的個案和朋友。為了保護個人的隱私，其中有些人名已經被改過了。多謝Flick Cromak、Victoria Standen、Pam Lovett、Leigh Jackson、Sera Henbest、Sylvia Davalos、Fiona Habershon和Cynthia Starkey允許我使用他們的照片。

此外，我也要對過去和現在所有的寵物，表達我的愛意。感謝牠們不斷的支持我、引導我，讓我確信我們將會一直同行在生命的旅程中，也讓我明白世間的事物永遠不會真正消逝（謝謝你，枕頭！）。自從那隻可愛的傑克羅素梗犬山姆，讓我見識到不同的物種之間也可以溝通，明白我們和寵物在前世的連結後，我的學習曲線幾乎可以說是呈垂直狀上升。我一直致力於喚醒大眾的覺知，讓大家明白我們是多麼需要向寵物學習。希望這本書能夠還給寵物一個公道。

此刻，我回首過往，不禁想到：如果那一天我不曾坐在農莊的廚房裡，摟抱著那隻注定要改變我生命的小狗，我現在會是怎樣一番光景呢？

寶貴的朋友

「今天我失去了一個寶貴的朋友。
牠是一隻小小狗。
經常把頭枕在我膝上，
默默的與我對話。
如今牠已不再回應我的呼喚，
也不再撿拾牠最喜歡的皮球。
一個遠比我偉大的聲音，

已經將牠召喚到祂的寶座。
我雖然眼淚盈眶，
但仍然感謝祂賜予我這些年的快樂時光，
讓狗兒在世間與我共度。
感謝牠對我的愛與忠誠。
至少我已經知道，
到了我該與牠相見的時候，
我將不再畏懼那短暫的黑暗，
因為牠將用牠的吠聲來迎接我。」

——佚名

Spiritual Life 05R

# 寵物是你前世的好朋友（暢銷經典版）

## 你們的相遇，從來都不是巧合

## Your Pets' Past Lives & How They Can Heal You

作者／瑪德蓮．沃爾克（Madeleine Walker）
譯者／蕭寶森
美術設計／謝安琪
內頁排版／李秀菊
責任編輯／黃妉俐
校對／黃妉俐、簡淑媛



Photography:
Flick Cromak p.257, Sylvia Davalos p.137, Fiona Habershon p.165,Sera Henbest p.176, Leigh Jackson p.27, Pam Lovett p.,66/69
Vitoria Standen p.114, Cynthia Starkey p.213.

國家圖書館出版品預行編目(CIP)資料

寵物是你前世的好朋友（暢銷經典版）：你們的相遇，從來都不是巧合／瑪德蓮．沃爾克（Madeleine Walker）作；蕭寶森譯.-- 二版.-- 臺北市：新星球出版：大雁文化發行2017.01
272面；14.8×21公分.--（Spiritual life；5R）
ISBN 978-986-95037-3-0（平裝）
1. 動物心理學　2. 動物行為
383.7　　106023913

新星球出版 New Planet Books

業務發行／王綬晨、邱紹溢
行銷企劃／陳詩婷
總編輯／蘇拾平
發行人／蘇拾平
出版／新星球出版
　　105台北市松山區復興北路333號11樓之4
電話／（02）27182001
傳真／（02）27181258
發行／大雁文化事業股份有限公司
　　105台北市松山區復興北路333號11樓之4
24小時傳真服務／（02）27181258
讀者服務信箱／Email:andbooks@andbooks.com.tw
劃撥帳號／19983379
戶名／大雁文化事業股份有限公司

二版五刷／2023年9月　定價：320元
ISBN：978-986-95037-3-0